改訂版

日本茶の すべてがわかる本

日本茶検定公式テキスト

日本茶検定委員会 監修

NPO法人日本茶インストラクター協会

お茶ってなに?

チャの花

チャの新芽

やぶきた茶樹（2年目の幼木）

茶園

被覆の有無による葉の色の違い

手揉み茶

お茶の大集合

普通煎茶
新芽を蒸して揉み、乾燥したもの。
上級品ほどうま味や香りがある。

蒸し製玉緑茶
生葉を蒸して殺青し、勾玉状（球状
か半球状）に揉みながら乾燥させる。
グリ茶ともいう。

深蒸し煎茶
煎茶の製造で、普通煎茶より２～３
倍長く蒸して作る。香りは弱いが味
が濃く甘味がある。

釜炒り製玉緑茶
生葉を熱した釜で炒り、酸化酵素を
不活性化する製法の緑茶。蒸し製と
は違った香りがある。

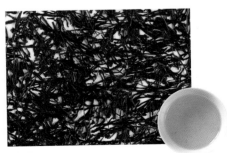

玉露
よしず棚などで茶園を覆い、直射日
光をさけてうま味を増やし、苦味を
抑えて育てた高級茶。

かぶせ茶
玉露と栽培方法が似ているが、覆い
をかぶせる期間が玉露よりも短く、
玉露と煎茶の間に位置する。

碾茶
抹茶の原料となるお茶で、玉露と同じく覆いをかけて育てられ、製造工程で唯一、揉まずに作られるお茶。

ほうじ茶
番茶や煎茶を強火で炒り、香ばしさを出したお茶。

抹茶
碾茶を臼でひき、微粉にしたもの。主に茶の湯に使う。

玄米茶
干飯を焦げ色がつくくらいに炒ったものを、煎茶または番茶などに 50％ くらい混ぜたもの。

番茶
硬くなった新芽や茎などを原料とした茶で、製法は煎茶と同じ。

茎茶
煎茶や玉露などの仕上げ加工中に出てくる茎の部分を集めたもの。「棒茶」ともいう。
一般に白っぽい外観でさっぱりとした味。

荒茶を仕分けると

荒　茶

アタマ

棒

本　茶

粉

泥　粉

良いお茶を見分ける

上級

柔らかい芽を使用するため、イキイキとした冴えた濃緑色で、堅く締まって細くよれ*ていて、表面に艶があり、茎や粉が少ない。

＊よれる：ねじれること

中級

やや硬葉（こわば）になった葉が含まれるため、細くよれず畳（たた）んだような葉が多少見られ、全体的にやや不揃い。色はやや浅い濃緑色で、全体的に艶が感じられない。

番茶

硬葉のため、よれずに葉を畳んだような扁平のものが多く、色は黄色味がかって艶がなく、形の大きいものや小さなものがあり全体的に不揃い。

お茶の基本的な淹れ方

煎茶

①煎茶に合った茶器を用意する

④ふたをして約1分待つ

②人数分（1人分で2～3g）のお茶の葉を急須に入れる

⑤色を見ながら、同じ濃さになるように廻し注ぐ

③人数分の茶碗で先に冷ましておいた湯を急須に注ぐ

⑥最後の一滴まで注ぐ

玉 露

①玉露に合った小ぶりの茶器を用意する

②湯温を下げるために、湯冷しに注ぐ

③湯冷しの湯を人数分の茶碗に注ぐ

④人数分（2人分で8g、大さじ山盛り1杯）のお茶の葉を入れる

⑤茶碗の湯を注いでお茶が浸出するのを待つ（2分半を目安）

⑥分量は均一に、濃淡のないように廻し注ぐ。最後の一滴まで注ぐ

番 茶

①番茶に合った大ぶりの茶器を用意する

②人数分のお茶の葉（3人分で10g、大さじで2杯）を急須に入れ、熱湯を注ぐ

③分量は均一に、濃淡のないように廻し注ぐ。最後の一滴まで注ぐ

お茶ができるまで

生産

①収穫
茶の新芽を手で摘むか、機械で刈り取る

②運搬・保管
収穫した生葉を運んで、コンテナで
保管する

荒茶製造

※マル内は手揉みの場合

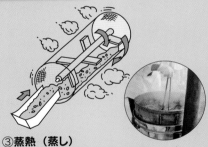

③蒸熱（蒸し）
蒸気の熱で生葉の酵素の働きを止
める

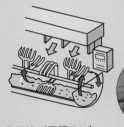

④粗揉（葉振るい）
葉の水分を均一に蒸発させる

⑤揉捻（回転揉み）
葉の水分を揉み出しながら、熱で水
分を蒸発させる

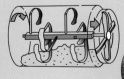

⑥中揉（揉み切り）
茶をよりながら乾かす

⑦精揉（転繰揉み・こくり）
葉の形状を針状に伸ばして茶の形を
整え、光沢を出す

⑧乾燥
保存できる水分まで乾かす

仕上げ加工

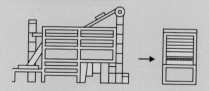

①選別・整形
「荒茶」から粉や小さな破片をふるい分
けする

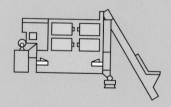

②火入れ・乾燥
お茶の種類により低温または高温で
火入れ・乾燥をする

③合組
何種類かのお茶をブレンドし、お茶
の味や香りを良くする

袋詰め・出荷
お茶を計量して小袋やお茶缶に詰め
て出荷する

全国各地の茶畑風景

埼玉県入間市

静岡県富士市

京都府宇治市

京都府宇治市（覆い下茶園）

福岡県八女市

鹿児島県南九州市

お茶の主な品種

早生　（収穫時期が早い／温暖地向き）

●ゆたかみどり
（主産地：宮崎県・鹿児島県）
収量が多く、病気に強い。樹勢も強い。濃厚な水色と味が特徴

●さえみどり
（主産地：宮崎県・鹿児島県）
鮮緑色の色沢で渋みが少なく、うま味がある

●しゅんめい
（主産地：宮崎県・鹿児島県）
自然な甘みが特徴で、均整の取れた品質

中生　（収穫時期が早くも遅くもない）

●やぶきた
（主産地：全国各地）
品質が高く、収量が多い。寒さに強く、根付きやすい

●べにふうき
（主産地：埼玉県・静岡県・三重県）
収量が多い。渋みと濃厚な香気が特徴で、カテキン含量が多い

●めいりょく
（主産地：静岡県）
明るい緑色と香りの爽やかさが特徴

晩生　（収穫時期が遅い／高・寒冷地向き）

●かなやみどり
（主産地：静岡県・鹿児島県）
ミルクを連想させるような甘い香りが特徴

●おくみどり
（主産地：三重県・京都府・鹿児島県）
濃緑色の色沢で、爽やかですっきりした香味

●おくゆたか
（主産地：静岡県・福岡県・鹿児島県）
樹勢が弱く、収穫期間は短いが、品質は高い

（農研機構果樹茶業研究部門提供）

お茶とデザートのマリアージュを楽しむ

玉露と和菓子

煎茶とチョコレート

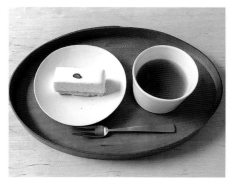

深蒸し煎茶とチーズケーキ

番茶とカステラ・栗の渋皮煮

焙じ茶とかぼちゃのプリン

冷煎茶とわらび餅

（本間節子氏提供）

日本のグラフィックデザインの先駆・蘭字

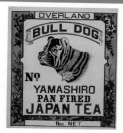

（公益社団法人　日本茶業中央会所蔵）

世界のお茶を見る

世界中でお茶が飲まれていますが、国や地域によってその飲み方は千差万別です。
世界各地の暮らしに根ざしたお茶の楽しみ方を紹介します。

イギリス
「世界一紅茶を飲む国」といわれるイギリスでは、17世紀以降、緑茶が上流階級で社交用の飲み物として流行し、その後次第に紅茶に変わり、庶民にも普及しました。

ロシア
ロシアはイギリスに次いで紅茶を飲む国。サモワール（紅茶専用湯沸かし器）で沸かした湯で紅茶を濃く煮出し、熱湯をさしてうすめ、レモンやジャムを加えて飲みます。

トルコ
トルコ、イランなどでは、デムリッキというサモワールに似た二段重ねのヤカンで紅茶を濃く煮出し、チャイバルダウというガラス器で砂糖や蜂蜜などを入れ飲みます。

中国
お茶の発祥地・中国は世界最大の生産地。緑茶や青茶（烏龍茶）、白茶、黒茶など各地で様々なお茶が生産され、日常生活に欠かせない飲み物になっています。

セネガル
セネガルでは、中国産の緑茶に砂糖を加えて十分に煮出し、ポットからポットへ勢いよく注ぐことでお茶を泡立てて飲みます。

インド
茶葉とミルクを一緒に煮出すか、お湯で煮出した紅茶にミルクを入れ、そこに砂糖を加えて飲みます。このチャイに混合香辛料を加えて煮出したお茶がマサランティーです。

モンゴル

磚茶（せんちゃ）を削って煮出し、牛か羊の乳を温めたものと塩をよく混ぜ合わせた乳茶を飲みます。スープ状になった茶に、麦こがしや炒った粟、羊肉などを入れて飲むこともあります。

日本のお茶

バタバタ茶（富山県朝日町蛭谷）

木綿袋に入れた黒茶を茶釜の中で煮出し、そのお茶をすす竹でつくった茶筅で泡立て、漬物などのお茶請けとともに飲みます。

ボテボテ茶（島根県出雲地方）

炒った番茶と干した茶の花を入れて煮立てたお茶を茶わんにくんで、茶筅で泡立て、好みの具（小豆飯、漬物など）を入れていただきます。

碁石茶（高知県大豊町）

蒸した生葉をむしろに包んで発酵させた後、茶桶に入れて踏み固め、重石をかけて発酵、その葉を臼でつき、碁石状に固めて天日乾燥します。

ブクブク茶（沖縄県那覇市周辺）

煎り米湯にサンピン茶と番茶を入れた茶湯を茶筅で泡立てて小豆ごはんに入れ、きざみ落花生をふりかけ、泡を残さず飲みます。

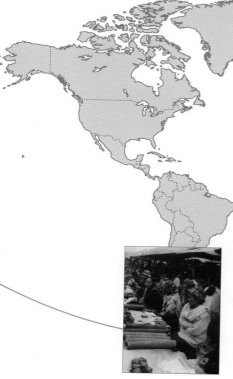

ラオス・タイ

ラオスからタイの山間部に伝わるミアンは、生葉を蒸してから漬け込んで発酵させ、岩塩を添えたり、ナッツや肉などを包んだりしてガムのように噛んで食べます。

ミャンマー

ミャンマー北部のラペ・ソーは、蒸した茶葉を漬け込んで発酵させたもので、水にさらしてごま油と塩で味付けし、ニンニク、干しエビなどを混ぜてお茶請けに食べます。

（中村羊一郎氏、松下智氏ほか提供）

お茶を作ろう

①生葉200～300gを用意しよう。ホットプレートの温度を200～250℃に温めておく。

⑦次第に強く揉んでは乾かしていく。ポイントは乾燥させすぎないことと、強く揉み過ぎてべたつかせないこと。

②ホットプレートに生葉を入れ、こげないように葉をたえず持ち上げるようにして、よくかき混ぜる。

⑧途中、粉がでたらわけておく。そのままにすると粉がこげる。粉はあとで混ぜる。

③4～5分すると青臭みがなくなり、色が鮮緑色に変わって萎れた状態になるので、敷物の上にだして水分をとばす。

⑨葉がしっとりしてきたら、葉を持ち上げるようにしてかき混ぜながら揉む。表面が乾いたら‥‥‥

④手の平で固まらない程度に軽く揉むと、葉の表面に水分がでる。

⑩敷物の上に出し、手のひらの間でよるようにこすりあわせて形をつくる。しっとりしたら、また乾かす。

⑤140～150℃に調整したホットプレートに葉をもどして、持ち上げながら表面の水分をとばす。

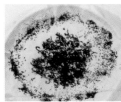

⑪120℃のホットプレートに和紙などをしき、そこに茶をのせ乾燥させる。途中で出た粉は周囲におく。

⑥再び取りだして水分を揉みだし、ホットプレートにもどす……ということを繰り返す。

⑫時々かき混ぜて、表面が白っぽく、固くなり、香ばしい香りがしたら、お茶のできあがり!

はじめに

『日本後紀』には、「815年に僧永忠が嵯峨天皇に献茶した」との記述があり、これが史実として最も古い日本での喫茶の記録です。今からおよそ1400年前には茶が飲まれていたことには驚かされます。

以来、「日常茶飯」という言葉にもあるように、国民的飲料として私たちの暮らしに定着し、無くてはならない重要な食品となっています。

しかしながら、近年の生活様式や家族構成の変化は、日本の食生活にも大きな影響を及ぼしており、お茶と言えどもこの流れにのみ込まれつつあるのが現状です。加えて、2019年に発生した新型コロナウイルス感染症は、世界的なパンデミックとなり、経済、政治、文化に未曾有の大きな影響を与えています。

この様な中、国内外の多くの研究者により、お茶の持つ健康効果が解明され、世界的な健康志向の高まりの中で、お茶の持つ素晴らしさが再確認されています。

そこで、日本茶の普及啓蒙を活動目的とするNPO法人日本茶インストラクター協会では、お茶についての正しい知識の普及とその継承を図るため、日頃の生活の中でも役に立つお茶の知識を網羅した『日本茶のすべてがわかる本』（改訂版）を発行いたしました。

私たちの暮らしの身近にあって、日々嗜むことによって安らぎと健康を与えてくれる日本茶の素晴らしさを再確認する手立てとして、本書を気軽に活用頂きますようご案内申し上げます。

なお本会では、2009年より年3回（2，6，10月）、お茶に関する知識の理解度を確認することができる「日本茶検定」をWEBにより実施しております。本書は、その参考図書としてご活用いただけるよう編集しております。

本書でお茶に関する知識を身に付けていただき、さらには、日本茶検定試験にも挑戦されますようご期待申し上げます。

2023年5月

特定非営利活動法人（NPO法人）
日本茶インストラクター協会
理事長　柳　澤　伯　夫

目次

コラム

本書の表記について

　かつては、畑に植えられている茶の樹や葉も、それを加工した製品もすべて「茶」と表記していましたが、現在では、畑に植えられている植物としての茶は「チャ」、茶工場などで製造された製品は「茶」と表記するようになりました。ただし、植物を指す場合でも、「茶樹」や「茶葉」のように熟語として使用する場合は漢字を使います。

　本書では、製品としての「茶」の中でも、特に、日本緑茶のことを「お茶」と表記します。「茶」と表記してある場合は、日本茶に限らず「チャ」から作られる製品全般を指しています（但し、まれにチャの葉を表すことがある）。

- チャ…学名：カメリア・シネンシス（*Camellia sinensis*（L.）O.Kuntze）
- 茶樹（ちゃじゅ）…チャの樹
- 茶葉（ちゃよう）…製品となった茶の葉、もしくはチャの葉
- 生葉（なまは）…製茶原料となる摘採した新芽および葉
- 茶…チャを飲料に使用できるよう加工した製品全般
- お茶…茶のうち日本緑茶の製品もしくは飲み物

序 章
お茶のプロフィール

茶はいつから飲まれている？

世界中で最も広く親しまれている嗜好飲料といえば、「茶」に他なりません。
そもそも人類が初めて茶を口にしたのはいつ頃なのでしょうか？

伝承にみる茶の起源

　世界で最初に茶を口にしたのは、誰なのでしょうか？　それは、今から約5,000年前の中国の神話の中で語られています。

　今日の本草学（ほんぞうがく）の始祖といわれる中国の神農（しんのう）は、山野を駆けめぐって野草を試食し、食べられる植物を人々に教えていました。時には毒草にあたって苦しみますが、そんな時、神農は茶の葉を噛んで解毒（げどく）したと伝えられています。

　1日に72もの毒にあたったそうで、そのたびに茶の葉を用いて解毒したというのは有名な逸話です。

　茶に含まれるカテキン類は、植物の毒素に多いアルカロイドと結合しやすく、毒を消す性質があります。伝承とはいえ、茶を解毒に使用したことは理にかなっているわけです。

　このようなことから最初は「薬」として飲まれていたと考えられる茶ですが、次第に庶民の飲み物として広まっていきました。

　茶には特有の良い香りがあり、飲むと気分爽快になります。また、さまざまな成分が活力を増進し、疲労回復に役立ちます。その薬効作用と味・香りの良さから、やがて世界中に普及し、それぞれの国の風土や文化に合った製法や飲み方で発展していったのです。

　古来、健康に良い飲み物といわれてきた茶ですが、近年、茶に含まれる成分の健康効果が次々と明らかにされてきました。茶の健康飲料としての魅力は、これからも新たな切り口で開かれていくでしょう。

神農

（三光丸クスリ資料館 所蔵）

茶の原産地

　植物としてのチャの樹は、どこで生まれたのでしょうか？　それについては
いくつかの説があり、現在も研究が続けられています。

　チャには、中国種とアッサム種があります。両者の形態や生態が大きく異な
るため、チャの原産地は2つの地域に分かれるという説がある一方、両種の染
色体数が同じため大差はなく、原産地は1つだとする説もあります。

　原産地に関しては、中国の四川・貴州・雲南地方とする説や雲南の西双版納
に限定する説がありますが、現在では、植生や文化に多くの共通点を持つ、中
国西南地域を中心とした「東亜半月弧」と呼ばれる地域を起源とする説が多数
派です。長い歴史を経て、そこから一方は日本や台湾などに、一方はインドや
東南アジア山地の各地へ波及したと考えられます。

　また、雲南省を中心に、西はアッサムから東は湖南省にまたがる地域全体を
チャの原産地とする説もあります。この地域の少数民族の文化圏がとても古い
こと、茶樹の巨木が分布していること、また茶の利用形態が多様であることな
どがその根拠です。

3

「東亜半月弧」と茶の伝播ルート

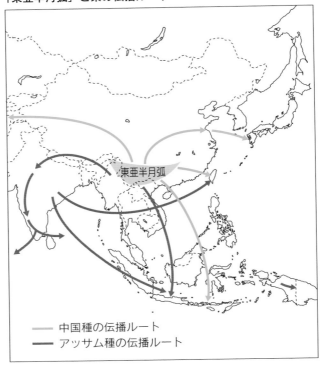

東亜半月弧

―― 中国種の伝播ルート
―― アッサム種の伝播ルート

茶樹の古木

樹齢3,200年の大茶樹「香竹菁大茶樹」(雲南省双江県)
大妻女子大学名誉教授　大森正司提供

世界の茶の呼び方は2通り

茶の呼び方には、"チャ"と"テ"の系統があります。

"チャ"は「茶」の広東語の発音である「cha」に由来しています。茶は文化交流があった日本・韓国・モンゴルにはもちろん、陸路すなわちシルクロードを通じた交易ルートに乗り、西域に広がりました。これらの国々では、"cha"に類似した"chai・chaya・tsai"などの呼び方で呼んでいます。

"テ"は「茶」を表す古い文字の「荼」に由来し、福建省では"te"と呼んでいます。

福建省アモイからの茶の海上輸出ルートに乗って欧州に広がり、"te"に類似した"the・they・thee・tea・tee"などと呼んでいます。

その中で、ポルトガルだけは"cha"と呼んでいます。これは茶を植民地だったマカオから輸入していたので、"te"ではなく広東語発音の"cha"と呼ぶようになっています。

茶は世界中で飲まれていますが、その呼び方にはこのような歴史的な背景があることも知っておきましょう。

各国の「茶」の呼び方

広東語系		
広東	cha	チャ
北京	cha	チャー
韓国	cha	チャ
日本	cha・sa	チャ・サ
モンゴル	chai	チャイ
ヒンディ	chaya	チャーヤ
トルコ	cay	チャイ
ギリシャ	tsai	チャイ
アラビア	shay	シャー
ロシア	chai	チャイ
ポルトガル	cha	チャ

福建語系		
福建	te	テ
マレー	teh	テー
スリランカ	they	テーイ
南インド	tey	テイ
オランダ	thee	テー
イギリス	tea	ティー
ドイツ	tee	テー
フランス	the	テ
イタリア	te	テ
ハンガリー	tea	テア
スウェーデン	te	テ

出典：橋本実『茶の起源を探る』淡交社 (1988)

5

茶の正体とは？

私たちの身近にある茶は、チャの樹の葉を摘んで加工したもの。
では、茶とチャはどこが違うのでしょうか。チャが茶になるまでの
呼び方の変化を整理しておきます。

🌱 学名・チャの特徴

　茶の原料となるチャはツバキ科ツバキ属の永年性常緑樹で、1887年に植物学者クンツ（Kuntze）によって学名をカメリア・シネンシス（*Camellia sinensis*（*L.*）*O.Kuntze*）と命名されました。それまではチャ属と考えられており、植物学者リンネによってテア・シネンシス（*Thea sinensis*）と命名されていました。中国種とアッサム種がありますが、両種の間で雑種になった中間型をアッサム雑種と呼んでいます。

　中国種は葉が小さい灌木で比較的寒さに強く、主に緑茶の原料となります。アッサム種は葉が大きい喬木で寒さに弱く、主に紅茶の原料となります。日本で栽培されているチャのほとんどは中国種です。

　チャの葉は長楕円形で光沢があり、縁にはギザギザがあります。若い葉の裏面には毛茸と呼ばれる細かい白い毛が生えていますが、生長するに従ってなくなります。

　チャの花は白い花びらに黄色の葯を持ち、その年に伸びた新しい茎に1〜3個つきます。日本では8〜12月に開花し、翌年9月頃に実が熟します。実の中には1〜3個の種子が入っています。

　チャは他殖性植物です。他殖性とは、自家不和合性・自家不結実性ともいい、自分と同じ品種の花粉がかかっても、生理的な原因で自家受精がしにくい性質のことです。ですから、現在ある在来種のチャはほとんどが他のチャの花粉で受精したものなので、遺伝的には雑種となります。現在では、品種苗を「挿し木法」などで殖やして栽培しています。

チャの葉（上　アッサム種　下　中国種）

約20cm

約5cm

毛茸（茶芽の近接写真）

お茶（製品）

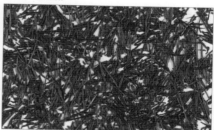

チャの花

チャの実

毛茸の浮いてるお茶は上等なお茶⁉

　訪問先で出されたお茶の表面に、ホコリのようなものが浮いていることがあります（右写真）。これは毛茸が浮いているもので、出されたお茶が若い新芽を使った上質なお茶であることの証拠です。

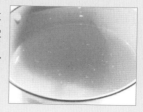

🌱 茶の呼び方のいろいろ ────────

　「茶」と「チャ」の違いは何だかわかりますか？　この本では、これまで茶とチャの両方の表記が登場しており、その使い方の違いに疑問を持った人もいるでしょう。

　かつては畑に植えられている茶の樹や葉も、それを加工した製品も、すべて茶と表記していました。しかし、学会などで混乱を避けるために、1970年代中頃から表記を区別するようになりました。畑に植えられている植物としての茶は「チャ」、茶工場などで製造された製品は「茶」と表記するようになったのです。

　ただし、植物を指す場合でも、「茶樹」や「茶葉」のように熟語として使用する場合は漢字を使います。ちなみに茶葉の正式な読み方は「ちゃよう」です。近年、テレビコマーシャルの影響などもあって「ちゃば」と読む人が多いのですが、この読みは音訓混合の重箱読み（上の1字を音で下の1字を訓で読む読み方）です。

　しかし、会話の中で「ちゃよう」と言っても一般の人には何のことかわかりませんので、使い方に注意しましょう。

　「急須にお茶を入れる」、「お茶を量る」、「淹れたお茶を茶碗に注ぐ」というように、その場の状況によって、個体なのか、液体なのかは「お茶」という表現でことが足ります。それでもわかりづらい場合は「お茶の葉」と表現すれば良いでしょう。

（注）本書では、「お茶」は製品としての「日本緑茶」、飲み物としての「日本緑茶」の両方を表すことにしています。

🫖 チャの樹の経済的な寿命と生態的な寿命

　チャの樹は農業という経済面から見た場合、通常30〜50年ほど栽培を続けることができます。しかしながら、植物としての寿命という意味ではずっと長く、チャの原産地とされる中国雲南省には巨大なチャの樹が何本もあり、それらの樹齢は1,000年以上といわれています。また日本にも、江戸時代から生きながらえているチャの樹が全国各地に残されています。

🌱 荒茶ってなに？

　お茶は茶園から摘み採った生葉を、製茶工場で揉みながら乾燥することで作られます。この段階でできたものを「荒茶」といいます。荒茶には茎や棒、粉、大きな葉、長い葉などが混在し、水分も5％くらいとやや多く、長期の保存には適しません。そこで消費者がいつでもおいしくお茶を飲むことができるように、一般には、お茶屋さんがこの荒茶を買い、「仕上げ加工」をして長期保存ができる見映えの良い、おいしいお茶に仕上げます。いうならば、荒茶はお茶の一次原料なのです。

荒茶の構成

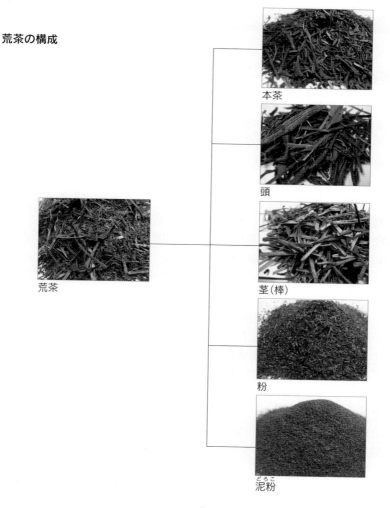

本茶

頭

荒茶

茎（棒）

粉

泥粉

9

茶にはどんな種類がある？

紅茶や烏龍茶は日本茶と同じチャの葉から作られるのを知っていますか？
チャから作られるさまざまな茶の分類を見てみましょう。

🌱 茶の分類

　同じチャから作られる茶にも、さまざまな種類があります。その種類を分ける決め手は、摘み採った生葉の最初の処理方法です。茶では「発酵」という言葉を使いますが、これは茶の葉が持っている酵素を働かせることを意味します。

　お茶を製造する時には、生葉に含まれる酵素の働きを止めるために熱を加えます。これを「殺青」（または酵素の活性を止めるので「失活」）といいます。この加熱処理をいつ行うかによって、茶の種類は大きく3つに分かれます。

1　不発酵茶　生葉をできるだけ早く加熱して、酵素の働きを止める
2　半発酵茶　酸化酵素を少し働かせてから、加熱して酵素の働きを止める
3　発酵茶　　酸化酵素を最大限に働かせてから、加熱して酵素の働きを止める

　1は日本緑茶と中国緑茶が該当します。2は烏龍茶に代表されるもので、3は紅茶のことです。

　紅茶や烏龍茶などを一般に「発酵茶」と呼んでいますが、ここでいう発酵とは、生葉中の酸化酵素をはじめとした各種の酵素の働きにより、成分変化を促したものです。それとは別に、微生物による発酵を施す「後発酵茶」という茶もあります。この茶は加熱して酵素の働きを止めた後に、微生物によって発酵させた茶で、黒い色と独特の香りをもちます。日本の碁石茶や阿波番茶、中国のプーアル茶などがあります。

　いずれのお茶も同じチャから作られますが、緑茶にはタンニン含有量が少ない中国種が、紅茶にはタンニン含有量が多いアッサム種が適しています。

茶の種類（口絵頁参照）

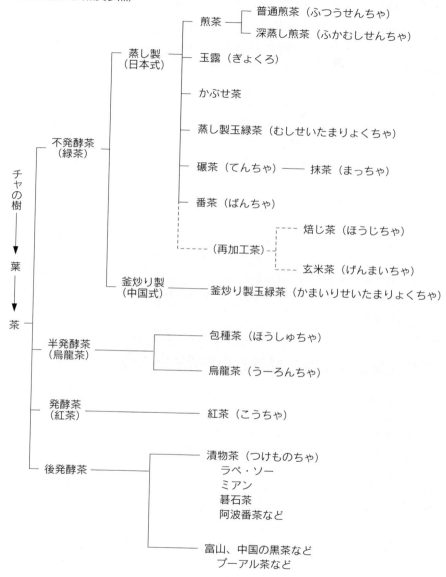

🍃 発酵（酸化）させない茶・緑茶

「不発酵茶」は、生葉をすぐに加熱して、酵素の働きを止めて作ります。

緑茶には、日本緑茶と中国緑茶がありますが、どちらも早い時期に酸化を止めるので、美しい緑色が製品に残っています。その違いは、生葉を加熱する方法です。

日本緑茶のほとんどは最初に生葉を蒸気で蒸して殺青します。これを「蒸し製」といい、蒸し製の日本緑茶には、煎茶、玉露、碾茶（抹茶の原料）、蒸し製玉緑茶、番茶などがあります。

一方、中国緑茶のほとんどは最初に生葉を釜で炒って殺青します。この製法を「釜炒り製」といい、釜炒り製のお茶を「釜炒り茶」と呼びます。釜炒り茶は、釜香と言われる独特の香りを持つのが特徴です。日本緑茶の中で釜炒り製は釜炒り製玉緑茶だけです。

日本で生産されている茶のほとんどは不発酵茶である緑茶です。発酵茶である紅茶と烏龍茶はごくわずかしか生産されていませんが、近年、国内で栽培・生産された葉を使った国産紅茶が作られるようになり、「和紅茶」「地紅茶」ともよばれています。ストレートでおいしく飲める紅茶として注目され、普及しつつあります。

🍃 発酵させる茶・紅茶と烏龍茶

生葉の成分をあえて変化させた茶を、「発酵茶」と呼んでいます。発酵茶を作る際には、最初に生葉を萎れさせ、生葉に含まれる酸化酵素を働かせます。この作業を「萎凋」といいます。萎凋することによって生葉に含まれるさまざまな成分が変化しやすくなり、その結果、酵素による反応が進み、独特の色や香りを出すことができます。

萎凋がある程度進んだ葉を殺青して、酵素の働きを途中で止めたものが「半発酵茶」です。半発酵茶には、酸化の程度の異なるさまざまな種類がありますが、代表的なものは烏龍茶です。

酸化酵素を最大限に働かせたものが紅茶です。紅茶は、世界で最も多く生産されている茶です。

煎茶以外の主な
日本茶は？

日本茶といえば煎茶が知られていますが、他にもいろいろなお茶が
あります。高級なお茶から一般的なお茶まで、幅広い日本茶の代表
を紹介します。

🍃 日本茶の代表選手・普通煎茶

　「煎茶」は、元来は煎じたお茶、または茶を煎じることを意味していましたが、現在では、煎茶は摘み採った生葉を蒸して酸化酵素の働きを止め、葉を何段階にも分けて揉みつつ乾燥しながら、針状に形を整えて製造したお茶を指します。葉の柔らかさなどを見て生葉の蒸し時間を微妙に調整し（30 〜 40秒程度）、その後、先人が工夫した手揉み茶の技法を忠実かつ巧妙に機械化した工程で揉みます。これによって葉の組織が破壊され、茶のさまざまな成分が湯に浸出しやすくなり、爽やかな香りと、うま味・苦渋味が調和した喉越しの良い黄緑色のお茶に仕上がります。お茶といえば一般にはこの「普通煎茶」を指します。

　ちなみに、普通煎茶の「普通」とは標準的な蒸し時間であることを指します。決して「普段用のお茶」という意味ではありません。

🍃 まろやかで、おだやかな渋味・深蒸し煎茶

　煎茶の仲間に「深蒸し煎茶（深蒸し茶)」があります。その名のとおり、普通煎茶よりも蒸す時間を2〜3倍ほど長くしたお茶です。それよりも長く蒸したお茶は「特蒸し茶」と呼ばれています。

　深蒸し茶が生まれたのは、静岡県中部の牧之原台地とその周辺地域だといわれています。この地域のお茶は、山間地の茶に比べて葉肉が厚くて渋味が強いため、消費地の好みに合わず、市場の評価も低いものでした。そこで昭和30年代初め（1950年代後半）に、蒸し時間を長くすることによって渋味を抑え

た深蒸し茶が作られたのです。その後、製法と機械設備の改善を積み重ね、品質は大きく向上し、現在に至っています。

　長く蒸すと渋味が抑えられて甘味が増しますが、新鮮な爽快感は少なくなり、香りは弱くなります。また、長く蒸すので、製造中に葉が細かくなりやすいために粉が多くなりますが、浸出液は濃い緑色になり、水道水でもおいしく飲めるお茶として関東周辺で好まれています。

　現在、静岡県を中心に鹿児島県、三重県など多くの県で生産されています。静岡県では、煎茶生産量の実に7割以上が深蒸し茶と推定されています。

❧ 最高級のお茶・玉露 ─────────────

　「玉露」といえば、お茶の中でも最高級にランク付けされるお茶です。とはいえ、その名前は知っていても飲んだことがないという人は多いのではないでしょうか。

　それもそのはず、玉露は高価な上に、年間生産量は全国で492ｔ（2020年）とわずかで、これを日本人1人当たりに換算すると3.9ｇになります。玉露をおいしく淹れるためには、3人分でお茶が10ｇ必要ですから、1年に1杯しか飲めない計算になります。最高級といわれるだけあって本当に得がたいお茶なのです。

　生産が盛んなのは、三重県、京都府の宇治周辺と福岡県の八女周辺で、2020年の生産量はそれぞれ297ｔ、131ｔ、40ｔでした（全国茶生産団体連合会調べ）。

　玉露の製造工程は煎茶と同じで、お茶の形状も上級煎茶と同じ針状です。では何が違うのかというと、茶園全体に覆い（90頁参照）を被せ、茶樹に当たる日光を20日間ほど遮る独特の栽培方法や、有機質肥料をたっぷり与え、自然仕立て（83頁参照）で育てた新芽を手摘みしたりして手間をかけるので、煎茶とは異なる色や味が培われるのです。

　玉露と栽培方法が似ているお茶に「かぶせ茶」がありますが、これは覆いを被せる期間が摘採前7日程度と短いもので、玉露と煎茶の間に位置するお茶です。

❧ 茶の湯の主役・抹茶 ─────────────

　千利休により大成され、今も受け継がれる「茶の湯」で用いられるのが「抹茶」

です。抹茶は、乾燥したお茶を茶臼等で挽いて作る微粉末状のお茶です。

　抹茶の原料となるお茶を「碾茶」といいます。「碾」という字は「うす」「ひく」という意味を持ち、碾茶とは「挽臼で粉砕する茶」を意味します。

　碾茶の原料となる生葉は、玉露と同じように長い期間覆いをかけて育てられます。碾茶は他のお茶と異なり、製造工程で唯一、揉まないで作られるお茶です。完成した碾茶は一定期間貯蔵して熟成させてから、茶臼等で少量ずつ時間をかけてゆっくりと挽きます。このように手間暇かけて育て、加工することで、美しい色や香りの抹茶が出来上がります。

　日本文化の極みといえる茶の湯の主役・抹茶ですが、その健康効果も注目に値します。お茶に含まれる豊富な健康成分をすべて摂取できるのがうれしいところです。また、最近は抹茶の持つ高級感や味から、菓子や氷菓子、料理などに広く取り入れられ、世界的なブームにもなっています。

🌱 日常のお茶・番茶

　番茶は「晩茶」とも書き、読んで字のごとく晩い時期に摘んだお茶のことで、現在では、硬い葉や古葉で作られた下級茶のことをいいます。最初に出てきた新芽を摘んだものを一番茶、二番目に摘んだものを二番茶といいますが、その茶期の間に摘んだ「番外の茶」から「番茶」の字が当てられたのでしょう。

　番茶は、新芽が伸びすぎて硬くなった葉や、一番茶や二番茶の後に遅れて出て硬くなった葉、また、夏の暑い時期の三番茶や四番茶、冬前や春先に茶樹の整枝（86頁参照）のため刈り取った葉や茎で作られます。冬前や春先のものをそれぞれ秋冬番茶・春番茶といいます。また、煎茶の仕上げ工程で選別されて出てくる大形の葉も使われます。関西ではこれを川柳、青柳などと呼び、関東の番茶と区別しています。

　いずれも下級茶に属するものですが、さっぱりとして苦味が少なく、カフェインによる刺激も少ないため、幼児や病人にはむしろ向いています。浸出液の色は淡く、透明度が高いため、ペットボトルのお茶の原料としても多く利用されています。

🌱 勾玉のようなお茶・玉緑茶

　日本のお茶はほとんどが蒸し製ですが、1種類だけ釜炒り製のお茶があります。それが「釜炒り製玉緑茶」です。

　釜炒り製玉緑茶は、中国に起源を持つ「唐茶」が江戸時代初期に九州に伝え

られたものです。佐賀県や長崎県の嬉野製や宮崎県・熊本県の青柳製が知られています。嬉野製が傾斜した釜で生葉を炒るのに対し、青柳製は水平にした釜で炒ります。水平釜を使う青柳製は、家庭用の鉄鍋で代用できるため、西日本全域に自家用茶の製法として広まりました。

　生葉を蒸す代わりに釜で炒ることで、青臭さが消えて「釜香」といわれる独特の香りがつきます。また、茶の形を整える工程がないため、お茶は勾玉のようにカールした形をしています。

　この釜炒り茶の釜による殺青を蒸し製に代えたのが、「蒸し製玉緑茶」です。蒸し製玉緑茶は「グリ茶」とも呼ばれ、大正末期にロシアへ輸出するために作られました。釜炒り茶と同じような製造工程を経ることで、お茶は勾玉状になります。蒸し製玉緑茶は、釜炒り製よりも効率良く安定的に生産できるので、釜炒り製から蒸し製に転換が進み、現在では蒸し製の方がはるかに多く生産されています。

「いれる」「だす」にふさわしい文字は？

　お茶の世界では、「いれる」には「入れる」か「淹れる」が使われています。「淹」は常用漢字にはないのですが、「お茶をいれる」という場合には、通常「淹れる」という表現をします。急須にお茶の葉を入れることに始まり、お湯を注いで、一定時間待っておいしいお茶をだし、茶碗に注ぐところまでの手順やその心持ちを思いやると、お茶は単に「入れる」のではなくて「淹れる」のがふさわしいのではないでしょうか。

　「だす」についても「出す」のではなく、当て字ですが「淹す」という味のある表現をすることがあります。

🌱 香ばしさが命・焙じ茶と玄米茶

　「焙じ茶」は、番茶などを褐色になるまで強火で焙煎したものです。上級茶の類ではありませんが、香ばしい香りが口の中をすっきりさせるので、食後のお茶として喜ばれるお茶です。焙じ茶を広めたのは、京都府山城地方の茶商です。大正末期から昭和初期にかけて、お茶が売れない年が続き、在庫を抱えた茶商が窮余の一策として売り出したのです。

　一般に、一番茶の遅い時期の葉を原料に用いたものが上質だとされます。地方によっては、「お番茶」と呼ばれて親しまれています。また、上質な茎茶を焙じた「茎焙じ茶」もあります。

同じく香ばしい香りのお茶に「玄米茶」があります。この場合の玄米とは、白米を蒸して乾燥した干飯を、焦げ色が付くまで炒ったものです。玄米ではなく白米を原料にしているのは、その方が香りが高いからです。その米を煎茶や番茶（川柳、青柳）などに50％ほど混ぜたものが玄米茶です。焙じ茶と同じく、下級のお茶の香りを引き立てるために関西で考案されました。原価の安い小米や割れ米を使用しているため、安価な庶民のお茶として親しまれてきましたが、最近は若い人たちに好まれることもあって、煎茶や玉露などを使った高級玄米茶や抹茶入り玄米茶も販売されています。

 ## 茶ではない茶とは？

　日頃、私たちは何気なく「お茶にしませんか？」と口にしますが、実際に飲んでいるものは「茶」とは限りません。私たちの暮らしの中には、緑茶や紅茶、烏龍茶から、コーヒーやココア、さらにはハーブティーや麦茶など、さまざまな飲み物があります。コーヒーやココアは豆類から作られるので、茶ではないと推測できるでしょう。

　では、ハーブティーや麦茶などの「茶」は、果たして茶なのでしょうか。日本では、植物の葉を湯に入れて成分を浸出した飲み物を「茶」と呼ぶ習慣があります。その葉がヨモギであればヨモギ茶、カキの葉であれば柿の葉茶、杜仲の葉であれば杜仲茶と呼んでいます。

　しかし本来、茶とは、ツバキ科ツバキ属に属するチャの葉や芽を使用して製造されたものを指します。つまり、日本緑茶や紅茶、烏龍茶などは茶ですが、他の作物や植物から作られ、チャの葉や芽を含まないものは茶ではないわけです。それらの「茶ではない茶」は、農林水産省や総務省等の国の生産・消費等の統計などで「他の茶葉」に分類され、本物の茶とは区別されています（ただし、玄米茶だけは「他の茶葉」に分類されています）。

　お茶は安心して飲まれてきた長い歴史があるため、本来は茶でない飲み物にも茶をつけて呼ぶようなったのでしょう。

　チャ以外の植物の葉、花、実、樹皮、根などから作られたものには、他に麦茶やハーブティー、はと麦茶、杜仲茶、桑の葉茶、柿の葉茶、甜茶、どくだみ茶、ヨモギ茶、アロエ茶……などがあります。いずれも「茶ではない茶」ですが、それぞれの植物の個性を楽しめる飲み物といえるでしょう。

日本茶の専門家とは？

お茶の魅力が再認識されている今、日本茶の知識を身につけたいという人が増えています。そんな人たちがチャレンジしている注目の資格があります。

🌱 日本茶インストラクター、日本茶アドバイザー

　日本茶インストラクター（中級）と日本茶アドバイザー（初級）は、NPO法人日本茶インストラクター協会が認定した資格で、日本茶文化と日本茶の正しい知識の理解と普及を進め、日本茶と消費者の接点となる資格者です。

　協会では日本茶の普及活動をはじめ、これを進める日本茶インストラクターや日本茶アドバイザーによる活動支援、お茶に関する情報の収集や提供など、お茶に関する幅広い活動を行っています。

　現在、日本茶インストラクターは5,252名、日本茶アドバイザーは13,752名（2024年4月現在）の方々が活躍しています。いずれも毎年1回行われる認定試験等によって認定されますが、最近では茶業関係者だけでなく、お茶に関心のある一般の方々も多数受験して資格を取得しています。お茶の魅力をより深く知りたい方は、ぜひチャレンジしてみてください。

［インストラクター・アドバイザーに関する問い合わせ先］
NPO法人　日本茶インストラクター協会
〒105-0021　東京都港区東新橋2-8-5　東京茶業会館5F
TEL：03（3431）6637　FAX：03（3459）9518
URL　https://www.nihoncha-inst.com

🍵 日本茶大使

　日本茶インストラクター協会は、国内での日本茶普及活動だけでなく、海外に居住する資格者を「日本茶大使」に任命し、在留国での日本茶普及活動を支援しています。2024年現在、15カ国で30名の資格者が日本茶大使として活躍しています。

世界に日本茶を普及する日本茶大使の活動

NPO法人日本茶インストラクター協会認定
日本茶インストラクター認定試験概要

日本茶インストラクターは、日本茶に対する興味・関心が高く、日本茶全般について中級レベルの知識及び技能を有する者です。主な活動は、日本茶教室の開催、学校やカルチャースクールなど各種講師、日本茶カフェのプロデュース、日本茶アドバイザーの育成などです。

◆試験時期：第一次試験 毎年11月上旬の日曜日
　　　　　　第二次試験 翌年2月上旬の日曜日
◆受験資格：20歳以上の方（第一次試験翌年の4月1日現在）
◆受 験 料：22,000円（税込）
◆試験方法：第一次試験 マークシートによる五肢択一方式
　　　　　　第二次試験 実技試験（茶鑑定ほか）
◆試 験 地：札幌・東京・静岡・名古屋・京都・福岡・鹿児島ほか（予定）

NPO法人日本茶インストラクター協会認定
日本茶アドバイザー認定試験概要

日本茶アドバイザーは、日本茶に対する興味・関心が高く、日本茶全般について初級レベルの知識を有する者です。主な活動は、日本茶販売店での消費者への助言、日本茶教室でのアシスタントなどです。

◆試験時期：毎年11月上旬の日曜日
◆受験資格：(1)18歳以上の方（試験翌年の4月1日現在）
　　　　　　(2)日本茶インストラクター協会が実施する「Web講習」
　　　　　　　 受講者
◆受 験 料：16,500円（税込）（Web講習受講料含む）
◆試験方法：マークシートによる正誤方式
◆試 験 地：札幌・東京・静岡・名古屋・京都・福岡・鹿児島ほか（予定）

第1章
お茶の成分

お茶の味を決める成分は？

「おいしいお茶」とはどのようなお茶でしょうか？ それを知るために、まずはお茶の味を決める成分について学んでみましょう。

🌱 主に4つの要素からなるお茶の味 ──────────

　味の要素には甘味、酸味、塩味、苦味、うま味、渋味などがあります。これらの味要素の中で、お茶ならではの味を構成するのはどの要素でしょうか？

　お茶のうま味や甘味をもたらす成分は、アミノ酸類や糖類などです。お茶はうま味の強いグルタミン酸や茶特有のテアニンなどのアミノ酸類を多く含む不思議な能力を持っています。

　また、食品の中では珍しく、お茶の味のベースとなっているのは苦味と渋味です。一般に苦味は不快な味とされています。古来、毒物には苦いものが多く、苦味を避けるのはこうした毒物から自分自身を守るための本能なのでしょう。しかし、お茶特有のさっぱりとした苦味は不快どころか、爽快感や後味に甘味さえ感じさせるのです。このように、苦味・渋味はお茶の味を特徴付ける要（かなめ）といえるでしょう。

　この苦味や渋味をもたらす成分の代表はカテキン類やカフェインです。カテキン類は渋味と苦味を持つのに対し、カフェインはさっぱりとした軽い苦味を演出します。

　ベースとなる苦味や渋味に、アミノ酸類や糖類によるうま味と甘味、まろやかさが加わることで、お茶のおいしさが完成します。

　このように、苦味・渋味・うま味・甘味という4つの成分の総合的なバランスによって、お茶の味は決まるのです。

お茶の主な成分とその味要素

成　　分	味
カテキン類	
エピカテキン	苦味
エピガロカテキン	苦味
エピカテキンガレート	渋味、苦味
エピガロカテキンガレート	渋味、苦味
アミノ酸類	
テアニン	甘味、うま味
グルタミン酸	うま味、酸味
アスパラギン酸	酸味
アルギニン	苦味
その他	うま味、甘味、苦味
カフェイン	苦味
遊離還元糖	甘味
アルコール沈澱高分子物	無
水溶性ペクチン	無

中川致之：日食工誌（1970）から抜粋

✦ お茶の種類による味の違い

　一口にお茶といっても、栽培の仕方や製造方法によってさまざまな種類に分かれます。お茶の種類のことを「茶種」といいますが、茶種によって葉に含まれる味成分の量は異なり、それぞれ個性的な味わいがあります。

　煎茶は苦味・渋味とうま味のバランスが良く、さっぱりとした後味があるものが良いとされています。品質の良い、いわゆる上級煎茶は、その年の一番初めに出てきたチャの新芽（一番茶）の早い時期のものを原料としています。一番茶はアミノ酸類を多く含むので、豊富なうま味とさっぱりとした苦味、渋味をバランス良く味わえます。

　一方、下級品といわれるお茶は一番茶の遅れ芽や二番茶（2番目に摘む茶芽）以降に摘採された葉の割合が多く、アミノ酸類が少なくてカテキン類が多い傾向があります。つまり、煎茶は下級品になるとうま味が少なく、苦味や渋味が多く感じられるようになります。

最高級のお茶とされる玉露は、上級煎茶よりもさらにアミノ酸類やカフェインが多く、カテキン類は少なくなります。そのため、深いうま味と甘味、わずかな苦味が調和して、まろやかで濃厚な味を楽しめます。

番茶は硬くなった葉や茎を加工したお茶です。アミノ酸類・カテキン類・カフェインのいずれも煎茶より含有量が少なく、味が淡泊です。番茶などを高温で焙煎して作る焙じ茶は、さらに味成分が少なくなりますが、その代わり焙煎による香ばしい味と香りがつきます。

ところで、上級煎茶や玉露にも苦味や渋味成分が少なからず含まれていますが、あまり苦味や渋味を感じません。なぜかというと、一般に上級なお茶はぬるめの湯で淹れるのが基本テクニックで、低温の湯には苦味や渋味の成分が溶け出しにくい性質があるからです。

茶種別成分含有例

種　別	タンニン*	カフェイン	アミノ酸類	総繊維	ビタミンC
玉露	10.74(%)	3.48(%)	4.77(%)	19.63(%)	170(mg%)
抹茶	7.83	3.29	5.50	20.35	90
煎茶	13.44	2.64	2.94	17.89	410
番茶	11.73	1.55	1.06	28.70	230
焙じ茶	8.79	1.76	0.20	49.02	30
釜炒り製玉緑茶	13.33	2.59	3.55	17.63	350
蒸し製玉緑茶	12.62	2.77	3.69	17.93	310

（＊緑茶ではタンニン≒カテキン類）　　　　　　　後藤哲久他：茶研報（1994）から抜粋

お茶の苦味や渋味の素は？

苦味や渋味はお茶の味の基本といえる要素です。お茶のうま味や甘味を引き立て、爽やかな後味をもたらす苦味や渋味の成分の正体に迫ってみましょう。

🌱 カテキン類

お茶の苦味や渋味の素となる主成分は「カテキン類」です。カテキンといえば、抗酸化作用などの健康効果で注目されている成分ですが、お茶はカテキン類を豊富に含む食品の代表といえます。

お茶に含まれるカテキン類は、主にエピカテキン（EC）、エピカテキンガレート（ECg）、エピガロカテキン（EGC）、エピガロカテキンガレート（EGCg）の4種類です。このうち、緑茶ではEGCgの量が最も多く、全カテキン量の約半分を占めます。

これらのカテキン類は遊離型のEC、EGCとエステル型のECg、EGCgに分けられます。

遊離型カテキンは苦味があるものの渋味はほとんどなく、比較的おだやかな味で、後味に甘味を感じさせる性質があるといわれています。

エステル型カテキンは舌を刺すような強い苦味と渋味を持ちます。とはいえ、柿渋のように口の中にへばりつく感じはなく、さらりとした苦味と渋味です。いずれも冷たい水には溶け出しにくい性質があります。特にエステル型は低温では溶け出しにくいため、冷茶では苦味や渋味が少なくなります。

🌱 カフェイン

「カフェイン」は苦味をもたらすと共に、眠気を覚ます作用のある成分です。コーヒーに多く含まれていることでよく知られていますが、お茶にもカフェインが含まれています。

カフェインはカテキン類ほど苦味が強くないため、コーヒーをカフェインレスにしても苦さはあまり変わりません。ところが、お茶からカフェインを除くと、お茶特有のさっぱりした心地良い苦味が失われることから、カフェインがお茶の重要な味成分であることがわかります。つまり、苦味が心地良く感じられるお茶は、カフェインの比率が高いのです。カフェインは高温の湯には簡単に溶け出しますが、低温ではやや溶け出しにくいのが特徴です。

　また、同じ葉で3回お茶を淹れると、1煎目のお茶は爽やかな苦味や渋味があるのに対し、3煎目になると強い苦味を感じます。これは、煎を重ねるたびにお茶に含まれる成分が減少していくのに対し、苦味や渋味の成分の減少は比較的ゆるやかで、中でもカテキン類が3煎目でも多く残るためです。他の味成分に比べてカテキン類の比率が高くなると、苦味や渋味が増すのです。

さまざまな嗜好飲料のカフェイン量（100g当たり）

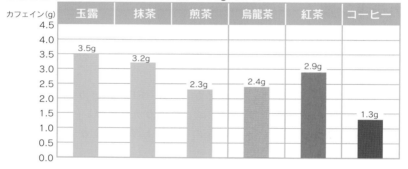

1杯当たりのカフェイン量（例）

茶種	抹茶	玉露	煎茶	釜炒り茶	番茶	焙じ茶	烏龍茶	紅茶	コーヒー
カフェイン含有率	（粉末の状態）3.2%	3.5%	2.3%	(2.5%)	(2.0%)	(1.9%)	(2.4%)	2.9%	(1.3%)
抽出条件	—	茶10g 湯60mL	茶10g 湯430mL	茶10g 湯430mL	茶15g 湯650mL	茶15g 湯650mL	茶15g 湯650mL	茶5g 湯360mL（熱湯）	中挽きレギュラーコーヒー10gを熱湯150mLで浸出させたもの
抽出液のカフェイン(%)	—	0.16(%)	0.02(%)	0.01(%)	0.01(%)	0.02(%)	0.02(%)	0.03(%)	0.06(%)
1杯量	2g	12mL	80mL	80mL	120mL	120mL	120mL	170mL	120mL
1杯当たりのカフェイン量(mg)	64	19.2	16	8	12	24	24	51	72

＊8訂『食品標準成分表』の分析値から計算。これは一例であり、煎茶と釜炒り茶、番茶と焙じ茶の間にはそれほどの大きな差はないと思われます。

タンニンの正体とは？

「お茶の苦味や渋味の素」に関する解説を読んで、「お茶の苦味や渋味の素はタンニンじゃなかったの？」と思った人もいるでしょう。確かにかつては、お茶の苦味や渋味の成分はタンニンであるといわれてきました。では、タンニンという言葉はどこへ消えたのでしょうか？

人間は大昔より動物の皮を鞣して衣服などを作ってきましたが、その鞣し工程には樫などの樹皮から作られる鞣革材（タン）を使用してきました。その主成分がタンニンと名付けられましたが、そのタンニンには渋味があったことから、植物に含まれる渋味のある物質は総じてタンニンと呼ばれるようになったのです。つまり、タンニンと一口にいっても、その化学構造は一つではなく、さまざまな化学構造を持つ物質を総称したものなのです。

一方、カテキン類は一定の化学構造を持つ物質のグループです。1920〜40年代（大正10年頃〜昭和10年代半ば）にかけて、緑茶から未知のカテキン類が次々に発見されました。それをきっかけにお茶のタンニンの大部分はカテキン類であることが判明し、タンニンの測定値がほぼカテキン類の合計値に相当することがわかりました。最近では、カテキン類を個別に測定する例が多くなってきましたが、データによってはカテキン類であったり、タンニンであったりと表記が混在しています。このタンニンやカテキン類は、「ポリフェノール」と呼ばれるフェノール性ヒドロキシ基を多く含む植物の苦味成分や色素の集団に属します。ポリフェノールが健康に良いということで、アントシアニンを多く含む赤ワインがブームになったのはまだ記憶に新しいことです。

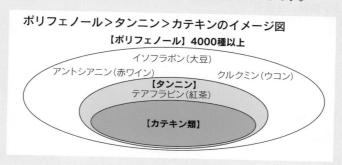

ポリフェノール＞タンニン＞カテキンのイメージ図

【ポリフェノール】4000種以上

イソフラボン（大豆）
アントシアニン（赤ワイン）　　クルクミン（ウコン）
【タンニン】
テアフラビン（紅茶）
【カテキン類】

お茶の
うま味や甘味の素は？

おいしいお茶の味わいは、深いうま味とさわやかな甘味があってこそ。
そんなうま味や甘味の素とはどのような成分なのでしょうか？

❤ テアニンなどのアミノ酸類

　お茶のうま味や甘味の素になる主な成分はアミノ酸類です。アミノ酸類は玉
露や抹茶、上級煎茶など、上質なお茶に多く含まれています。

　お茶に含まれるアミノ酸類は、テアニンやグルタミン酸、アルギニン、グル
タミン、アスパラギン酸、セリンなどです。これら6種類だけでお茶に含まれ
るアミノ酸類の90％以上を占めます。このうち最も多いのはテアニンで、ア
ミノ酸類全体の約50％を占めます。

　テアニンはチャに特有の成分で、昭和25（1950）年、酒戸弥二郎によって
玉露から発見され、チャの古い学名 "*Thea sinensis*" にちなんで、"Theanine"
と命名されました。チャを栽培する時に遮光したり、チッソ質肥料を施したり
することで増える成分です。長年、お茶のうま味はテアニンの含有量で決まる

お茶のアミノ酸類の分析例（％）

成　分	上　級	中　級	下　級	味
アミノ酸類	2.9	1.5	1.0	
テアニン	1.9	1.0	0.6	甘味、うま味
グルタミン酸	0.2	0.1	0.1	うま味、酸味
アスパラギン酸	0.2	0.1	0.1	酸味
アルギニン	0.3	0.1	0.0	苦味
その他	0.3	0.2	0.2	うま味、甘味、苦味

中川致之：日食工誌（1970）から抜粋

といわれてきましたが、最近の研究でテアニンはうま味と甘味の両方を増すのに関わっているのではないかといわれています。

　うま味が強い成分といえば、グルタミン酸です。グルタミン酸は昆布に含まれるうま味成分としてよく知られていますが、うま味調味料の主成分になるもので、テアニンの30倍もの味の強さがあります。グルタミン酸はナトリウム塩にすると酸味がなくなり、うま味がさらに強く感じられるようになります。

「うま味」は日本特有の味

　これまで食品の味は、「4味」といわれる甘味・塩味・酸味・苦味がそれぞれ独立した基本的な味要素とされてきました。

　その後、日本人に馴染みのある昆布や鰹節などの出汁の主要な味成分のグルタミン酸やイノシン酸の味である「うま味」も、4味と同じく独立した味要素であることが科学的に証明され、5番目の基本的な味要素として加わりました。

　しかし、うま味は欧米人には馴染みのない味のようで、英語などの外国語にも相当する言葉がなく、「umami」という言葉が国際語になっています。とはいえ、umamiを理解しがたい外国人が多く、具体的にどのような味か理解してもらうのに苦労することが多いようです。

　いずれにしても、旨い（美味である）こととうま味は別個のもので、うま味物質は食品を旨くする効果を持っているのです。

　ところで、日本の上級緑茶、特に玉露はうま味が強いことが重視されます。玉露はうま味と甘味が強いお茶ですが、この両方の味要素が一体となったものを感じるのであって、明確にそれぞれの味が区分されているわけではありません。

　お茶のうま味を高めるアミノ酸類は、過去にはテアニンであるといわれていましたが、最近の研究ではグルタミン酸の影響も大きいことがわかっています。抹茶ではテアニンやある種の有機酸、およびポリフェノールがグルタミン酸のうま味を強めることが報告されています。

　どちらにせよ、玉露の「うま味」を理解してもらうには、実際に飲んでもらうのが早道でしょう。

　お茶にはショ糖や果糖、ブドウ糖、アラビノシルイノシトールなど、さまざまな糖類が含まれています。葉に含まれる糖類は、チャの新芽の生長に従って増加します。減少するのはアラビノシルイノシトールぐらいで、ショ糖や果糖、ブドウ糖は葉が生長すればするほど増えていきます。

　玉露などの高級茶は甘味を強く感じますが、実際は若いチャの芽を使った上級茶よりも、硬くなった葉を使った番茶の方が糖類を多く含んでいます。しかし、お茶に含まれる糖類は含有量が少なくて味も弱いので、甘味への影響が大きいとはいえません。

　一方、成分自体に特有の味はないものの、うま味や甘味を強調する物質があります。それは「ペクチン」です。植物の葉や茎、果実などに含まれる多糖類の一種で、柑橘類の皮に多く含まれています。水に溶けるとゼリー状になるので、ジャムやゼリーによく利用される成分です。

　近年、このペクチンがお茶のうま味や甘味を高めていることがわかってきました。未熟で渋い果物が熟すと甘くなるのは、ペクチンが増えて渋味を抑えるからです。同じように、お茶の渋味をペクチンが抑えることで、うま味と甘味が強く感じられます。

　水溶性ペクチンの量が多いのは玉露で、次いで煎茶、番茶となり、玉露の濃厚なうま味や甘味にはペクチンが一役買っているのです。

なるほど
ぜんぜん
違うな・・・

玉露

番茶

お茶の色と
香りの素は？

お茶の品質を決める上で、色と香りはとても大切です。良いお茶の
さわやかな香りと色の秘密は何なのでしょうか？

🌱 お茶の色はなぜ緑色か？

　お茶の生葉は緑色をしていますが、これは緑色色素の葉緑素（クロロフィル）によるものです。クロロフィルは生葉のまま放っておくと、葉に含まれる酸化酵素により酸化されて褐色に変色してしまいます。しかし、お茶を作る時に、生葉を蒸したり、釜で炒ったりして加熱することによって酸化酵素が失活し、酸化が止まります。これを「殺青」といい、殺青により出来上がったお茶には緑茶特有の緑色が残ります。

　とはいえ、その後の製造工程で熱や光、空気に触れて酸化は徐々に進み、クロロフィルの一部は酸化して褐色のフェオフィチンに変化します。そのため、出来上がったお茶は緑色よりほんの少し褐色がかった色になります。

　クロロフィルがフェオフィチンに変化する割合は、玉露や上級煎茶の場合は約20 〜 30％と低いのですが、加熱時間が長い深蒸し煎茶の場合は約50％と高くなります。お茶を保管する時に温度や湿度の高い場所に置いたり、容器を密閉していなかったりすると、クロロフィルが酸化されやすくなります。美しい色と香りを保つために、保存方法に注意することが大切です（66頁参照）。

　ところで、同じチャの葉からは紅茶や烏龍茶もできますが、緑茶の色とは異なり、濃い褐色です。これは、紅茶や烏龍茶を作る時には緑茶のように最初に殺青をしないため、酸化酵素が働いて褐色の茶になります。

🍵 お茶を淹れた時の液の色 ─────────

　お茶を淹れた時の浸出液の色を「水色」といいます。水色は、お茶の良し悪しを見る上で重要な要素の一つです。

　煎茶の水色は明るい黄緑色で澄んでいて、濃度を感じさせるものが良いとされています。その水色のうち、黄色は黄色色素であるフラボノールやフラボンの配糖体、緑色はクロロフィルの懸濁によるものです。

　同じ煎茶でも、深蒸し煎茶の水色は鮮やかな濃い緑色をしていますが、これはお茶の細かい粉末が多くて懸濁しているため、濃い緑色に見えるのです。

　お茶によっては赤みがかった水色になることもあります。お茶の重要な成分であるカテキン類やクロロフィルは、熱や光、空気に触れることによって酸化したり、他の成分と化学反応を起こしたりします。そうなると、カテキン類やクロロフィルは褐色に変化し、いわゆるお茶の赤みの原因になります。

　煎茶の場合は、赤みがあると水色が悪いと判断されます。しかし、釜炒り茶や番茶は荒茶製造工程や仕上げ段階でカテキン類が多少酸化されるため、水色がやや赤みを帯びていても特段問題はありません。また、焙じ茶は番茶などを高温で焙煎したものであるため、カテキン類の酸化物をはじめとした褐色物質が多くなり、水色が褐色になります。

　ちなみに、良い紅茶の水色は美しい赤橙色です。烏龍茶は発酵度の低いものは緑茶に近い黄色で、発酵度の高いものは紅茶に近い赤色をしています。

🍵 お茶の香りの素となる成分 ─────────

　お茶には600以上の香り成分が含まれていますが、そのすべてが解明されているわけではありません。お茶の清々しい香りは、未知の香り成分も含め、膨大な数の香り成分が複雑に絡みあって生み出されているのです。

　生葉には緑の香りといわれる「青葉アルコール」などの青臭い香りの成分が多く含まれています。この成分やそのエステル化合物が新茶の香りに貢献しているといわれています。お茶の製造時に生葉を蒸すと、青臭い香りが適度にやわらぎ、若い芽のような香りになります。この爽やかな若い芽の香りに、加熱によって生じる「ピラジン類」などの香ばしい香りが加わったものが煎茶の主な香りで、両者のバランスがとれている煎茶が良いとされています。

　玉露や碾茶には、良質の青海苔のような深みのある香り成分の「ジメチルスルフィド」が多く含まれています。この香りはチャの樹に覆いを掛けて栽培す

ることで生まれるもので、「覆い香」と呼ばれています。

　釜炒り茶には「釜香」という特有の香りがありますが、その実態は明らかにされていません。煎茶に比べて、加熱により生じる香ばしい香りであるピラジン類が多く含まれます。

　番茶や下級の煎茶を焙煎した焙じ茶も、香ばしい香りのピラジン類を豊富に含みます。

茶の香りと主な化合物

香　り	主な化合物
若葉の爽やかな香り	青葉アルコールやそのエステル類
スズラン様の軽く爽やかな花香	リナロール
バラ様のあたたかい花香	ゲラニオール、フェネチルアルコール
ジャスミン、クチナシ様の甘く重厚な花香	シス - ジャスモン、メチルジャスモネート、ヨノン類
果実、特に桃様、乾果様の香り	ジャスミンラクトン、その他のラクトン類
木質系の匂い	4 - ビニルフェノール、セスキテルベン
青苦く重い香り	インドール
青海苔様の匂い	ジメチルスルフィド
加熱により生じる香ばしい香り	ピラジン類、フラン類
保存中に増加する古茶臭	2,4 - ヘプタジエナールなど

山西　貞：お茶の科学（1992）

🌱 緑茶と紅茶・烏龍茶の香りが違うわけ ──────

　緑茶と紅茶、烏龍茶は、元々同じチャの樹の葉を原料としています。にもかかわらず、それぞれ異なる特有の香りを持つのは製造工程が違うからです。

　緑茶は製造工程の最初に、摘み採った生葉を短時間のうちに蒸気で蒸したり釜で炒ったりするなどの「殺青」を行って、酵素が活性化するのを止めます。これにより、緑茶特有の爽やかな香りがほど良く保たれます。これに火入れによる香ばしさが加わったのが緑茶の香りです。

　一方、紅茶や烏龍茶は、生葉をすぐに加熱処理する緑茶とは異なり、まず生葉を萎れさせます。こうすることで、酸化酵素や香気成分を生成する酵素が働き、いろいろな成分が作られます。

　紅茶と烏龍茶はそれぞれ特有の香りがあります。紅茶はバラの花や果物の香りがするものが良いとされます。烏龍茶は花のような香りが強いものほど上等といわれます。紅茶や烏龍茶に比べると、日本緑茶は香りが弱く、香りよりも味を楽しむ茶といえるでしょう。

　同じチャの仲間とはいえ、それぞれ個性の違う緑茶、紅茶、烏龍茶の特有の香りを大切に味わいたいものです。

☕🫖 お茶にまつわる疑問・質問

Q.淹れたお茶にホコリのようなものが浮いてますが、何ですか？

A.よくこのような問い合わせがありますが、お茶の液面に浮いているホコリのようなものは、別項（7頁）で解説した「毛茸」で、そのお茶は若い柔らかな芽を使った上級なお茶の証拠です。訪問先で出されたお茶にもし毛茸が浮いていれば、それは上級なお茶をお出ししなければならない大切なお客さんとして、おもてなしをされているということです。
「毛茸」は若葉の裏側に生えていますが、葉の生長が進んで葉が硬くなるにつれてなくなるため、原料となった生葉の生長程度を知る手掛かりともなります。

Q.焙じ茶に油膜のようなものが浮いているが、何ですか？

A.お茶の葉には脂質が4〜5%程度含まれています。この脂質は煎茶などではそのまま細胞内にあるため、淹れても浮いて出てくることはありません。ところがそれを焙煎した焙じ茶では、高温で焙じることで脂質が茶の表面に出てくるため、熱湯で淹れるとそれが溶け出して油膜ができます。見た目が気になるかもしれませんが、お茶が本来持っていた成分ですから気にせずにお飲みください。

第2章
お茶の健康効果

お茶が健康に良いのはなぜ？

近頃お茶が健康飲料として注目され、見直されています。しかし、お茶に秘められた健康パワーは古代から活用されてきたのです。

🌱 お茶は「万病に効く薬」だった

　自然界にあまたの植物がある中で、人がチャを選び、栽培してきたのはなぜでしょうか？

　いつ頃からか、先人達はチャの葉を噛んだり食べたりすると、何やら眠気が取れて頭がすっきりしたり、だるさが消えて元気になったりすることに気付いたのでしょう。それ以来、チャは薬として用いられるようになり、やがて湯で浸出して嗜好飲料として摂取されるようになったと考えられます。

　6世紀の中国の医学書『神農本草経集注』（陶弘景著）には、「苦茶は寒で、毒なし。五臓の邪気を払い、下痢、渇熱（熱による口のかわき）、中疾（胃腸病）、悪瘡（質の悪いできもの）などを治す。久しく服すれば、心を安んじ、気を益し、頭を良くし、眠りを少なくし、身を軽くし、老いを能くし、老化を抑える」とあります。まさに茶は万病に効く薬ということですが、すでに約1500年も前に茶の多彩な効能が認められていたことに驚かされます。

　やがて茶は日本に伝来し、日本文化と結びつき、長い歴史を経て多様な形に発展してきました。

　かつて薬として飲まれていた茶は、今では日常生活に欠かせない国民的飲料として定着しています。近年、そんなお茶の持つ健康機能が多くの研究によって明らかにされてきました。今後も、新たな健康パワーの発見が期待されます。

お茶の主な健康機能

抗酸化作用
抗動脈硬化作用
血小板凝縮抑制作用
血管内皮機能保護作用

抗菌作用
　（食中毒菌、病原菌に対する）
抗ウイルス作用
　（インフルエンザなどに対する）
腸内細菌叢（フローラ）の改善作用

脂質異常症改善作用
　（血中コレステロール、中性
　　脂肪の上昇抑制）
抗肥満作用
血糖上昇抑制作用
　（糖尿病予防）
血圧上昇抑制作用
　（高血圧、脳卒中予防）

抗がん作用
　（抗突然変異、遺伝子保護作用）
抗炎症・抗アレルギー作用
免疫機能低下抑制作用
肝機能保護作用
消臭、抗う蝕（虫歯予防）作用

リラックス作用・中枢神経興奮作用
認知機能低下改善作用

お茶は保健機能食品

　お茶には野菜や果物と同じように、炭水化物やタンパク質、脂質、各種ビタミン、ミネラルなどの栄養成分が含まれています。こうしたお茶の栄養成分もさることながら、特に注目すべき点は「生体調節機能」を持つ成分が豊富に含まれていることです。生体調節機能を持つ成分はバイオファクターとも呼ばれ、食品の3次機能といわれるものです。

　食品の「1次機能」は栄養です。これは人々が生きるために欠かせないもの。「2次機能」は味や香りなどで、これは人々の嗜好を満たすもの。それらに対して、「3次機能」は生死に関わりはありませんが、これなくしては人々の健康が損なわれるものです。こうした生体調節機能にすぐれた食品は「保健機能食品」とも呼ばれ、天然のサプリメントとして近年注目を集めています。

　お茶には数多くの生体調節機能を持つ成分が含まれています。中でもカテキン類、カフェイン、テアニンは、他の食品にはあまり含まれていないお茶特有の機能性成分といえます。お茶の健康効果は、これらの機能性成分の相乗的な効果によって高められていると考えられています。例えば、カテキン類には肥

満を予防する作用があるといわれていますが、カフェインの存在によってその効果が高められていると考えられています。

　ところで、お茶に含まれるさまざまな成分は、湯で浸出しても20〜30％しか溶け出さず、あとは茶殻に残ります。成分によっては全く湯に溶け出さないものもあります。

　お茶の成分を残さず摂るためにはお茶の葉をそのまま食べるのが良いといえるでしょう。

飲むより古い？食べる茶

　生葉を噛むことから始まった茶の摂り方は、どのように変化していったのでしょうか。その足跡を雲南省の西双版納（シーサンバンナ）周辺に住む山岳少数民族が今に伝えています。

食用

　新茶の葉を茹（ゆ）でて冷暗所に10日ほど置いて発酵させ、竹筒に入れて土中に埋める。１カ月ほど経ったら食用にする。「竹筒酸茶」と呼ばれ、酸っぱい味がする。

飲用

　散　茶：新茶の葉を鍋で茹でるか炒（い）って、竹のムシロの上で揉む。日
　　　　　干しして飲用する。
　竹筒茶：新茶の葉を炒って竹筒に詰め、囲炉裏の火で筒の外が焦げる
　　　　　程度に焙（あぶ）り、竹筒を割って飲用にする。

　どちらがより原始的な摂り方かは判断しづらいのですが、食用の歴史の方が飲用の歴史より古いのではないかと考えられています。この食べる茶としては、タイ北部のヤオ族が作る「ミアン」、ミャンマー北部で作られている「ラペ・ソー」が現存しています。

　お茶の葉をそのまま摂るために、抹茶のように粉末にして飲んだり、発酵させて食べやすくしたりする方法があります。茶の優れた機能性を余すことなく利用するために、現代の製茶技術と発酵技術を組み合わせた新しい茶の摂り方が生まれることが期待されます。そのためには茶を食用にしてきた歴史にその道筋のヒントが隠されているように思えます。

煎茶の成分とその含有率および期待される健康機能

水溶性成分（20〜30%）

成　分	含有率	効能・効果
カテキン類	11〜17%	抗酸化、抗突然変異、抗がん、血中コレステロール上昇抑制、血圧上昇抑制、血糖上昇抑制、認知機能低下改善、血小板凝集抑制、抗菌、抗虫歯菌、抗ウイルス、腸内菌叢改善、抗アレルギー、消臭
カフェイン	1.6〜3.5%	中枢神経興奮作用、眠気防止、強心作用、利尿作用、代謝促進
テアニン	0.6〜2%	脳・神経機能調節、リラックス効果
フラボノール類	約0.6%	毛細血管抵抗性増強、抗酸化、抗がん、心疾患予防、消臭
複合多糖類	約0.6%	血糖上昇抑制
ビタミンC（アスコルビン酸）	0.3〜0.5%	壊血病予防、抗酸化、抗がん、風邪予防、白内障予防、免疫機能改善
γ-アミノ酪酸（GABA）	約0.01% 嫌気処理 0.1〜0.2%	血圧上昇抑制、脳・神経機能調節
サポニン	約0.2%	喘息予防、抗菌、血圧上昇抑制
ビタミンB₂	約1.2mg%	口角炎・皮膚炎防止、脂質過酸化抑制
食物繊維	3〜7%	抗がん（大腸がん）、血糖上昇抑制
ミネラル類	1〜1.5%	亜鉛：味覚異常防止、免疫機能低下抑制、皮膚炎防止 フッ素：虫歯予防 マンガン、銅、亜鉛、セレン：抗酸化 カリウム：イオン平衡維持

水不溶性成分（70〜80%）

成　分	含有率	効能・効果
食物繊維	30〜44%	抗がん（大腸がん）血糖上昇抑制
たんぱく質	24〜31%	栄養素（体構成成分）
脂質	3.4〜4%	栄養素（細胞の構成成分、エネルギー源）
クロロフィル	0.6〜1%	消臭効果、抗突然変異
ビタミンE	0.02〜0.07%	抗酸化、溶血防止、脂質過酸化抑制、抗がん、糖尿予防、血行促進、白内障予防、免疫機能改善
コエンザイムQ10	約0.01%	老化防止、美肌効果
β-カロテン	約0.02%	抗酸化、抗がん、免疫機能改善、ビタミンA生成源
ミネラル類	4〜5%	マンガン、銅、亜鉛、セレン：抗酸化
香気成分	1〜2mg%	アロマテラピー効果

村松敬一郎他：茶の機能（2002）一部追加

お茶特有の
健康成分とは？

お茶には多くの成分が含まれ、さまざまな健康効果をもたらします。
その健康効果は単一の成分のみによるのではなく、いくつかの成分が
相乗的に作用して高められています。

🍃 カテキンは健康成分の代表

　古くから医薬として用いられてきたアカシア・カテキュー（マメ科アカシ
ア属の低木）から抽出された結晶に、カテキンという名前がつけられたのは
1832年のことです。その後、昭和4（1929）年以降、辻村みちよ等によって
緑茶から未知のカテキンが次々と発見され、それがお茶に特有の成分であるこ
とが判明します。

　カテキン類は主にお茶の苦味と渋味をもたらす成分です。お茶のすべての味
成分のうちで最も多く含まれており、近年、多彩な機能を持つ成分として注目
度が高まっています。

　カテキン類の健康効果の中で、特に強力なのは抗酸化作用です。この作用に
より、活性酸素が人体の組織を攻撃するのを食い止めて、病気に発展するのを
防いでくれます。その抗酸化力はビタミンCやビタミンEの数倍から数十倍に
もなるといわれています。この抗酸化作用を基本として、カテキン類には多く
の優れた作用があることが明らかになっています。

　この他にもカテキン類には殺菌作用や消臭作用、解毒作用など、人体にとっ
て重要な効果があることもわかっています。

🍃 テアニン、その柔らかな働き

　テアニンは、昭和25（1950）年酒戸弥二郎によって発見されたチャに特有
のアミノ酸で、コーヒーやココアには含まれていないお茶特有の成分です。爽
やかな甘みとうま味を構成する重要な味成分で、上級茶に多く含まれ、心身を
リラックスさせてくれる効能を持っています。

　ホッと一息つきたい時に、「喫茶」は何ものにも優る休息です。休息は身体だけでなく心の休息も大切ですが、心がゆったりと落ち着いている状態にあると、脳から脳波α波が出ることがわかっています。α波が出ている時は、リラックスしながらも集中力もあるという、とても心地良い状態にあります。テアニンを摂ると、このα波の出現が増えます。下の図はテアニン200mg（上級煎茶：約10gに含まれている量）を含んだ水を飲んだ時のα波の発生状況を示していますが、30分後にははっきりとα波が発生しているのがわかります。

　お茶は興奮をもたらすカフェインと共に、その興奮を和らげるテアニンもあわせ持っているため、適度の緊張を保ちつつリラックスしたい時には、最高の飲み物といえます。リラックスした状態にあると、全身の筋肉の緊張がほぐれ、毛細血管が拡張して血行が良くなります。手足の冷えも解消するので、特に女性にはうれしい効果といえるでしょう。

水およびテアニン200mg摂取時のα波トポグラフィー

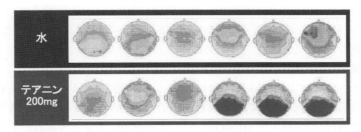

小林加奈理・大久保勉ら：日本農芸化学会誌（1998）

🌱 お茶が愛飲されてきた原点・カフェインの効能 ─────

　「ダルマさん」との愛称で呼ばれる、インド生まれで中国禅の開祖といわれる達磨大師（5世紀末期～6世紀前半）は、座禅の修行中、眠気を抑えるために茶を嚙んだといわれています。この話にもみるように、嗜好飲料としてお茶の原点はその中枢神経興奮作用にあるといっても過言ではありません。

　この原因物質はカフェインで、1819年にドイツのルンゲによりコーヒーから抽出されました。その後、1827年に茶からも発見され、それ以後カフェイン

が持つさまざまな効能が確認されました。

カフェインはお茶の爽やかな苦味を醸し出す、なくてはならない重要な味成分です。中枢神経を刺激・興奮させたり、心臓や腎臓に作用して利尿を促進したり、また胃酸分泌を促して食物の消化や吸収を助けたり、体脂肪の分解を促進したりするなど、多くの効能を持っていることが知られています。

お茶のカフェインは空腹時に飲むとすぐに吸収され、血中濃度も30分〜1時間で最高濃度に達します。このように、極めて即効性であることが眠気覚ましに使われた理由と考えられます。就寝前にお茶を飲むと寝付きが悪くなるのも、お茶のカフェインによるものです。

カフェインを単独で摂った場合はカフェインの効果は強く現れますが、お茶の場合には、同時に鎮静効果のあるテアニンも多く含んでいるため、結果としてカフェインの強い効果が和らげられることになります。アクセルとブレーキという相反する力が同時に働く不思議な飲料であるといえるでしょう。

🍃 お茶のビタミンCが壊れない理由 ─────────

ビタミンCはビタミン類の中でも非常に分解しやすく、体内に貯めておくことができない栄養素です。よく知られるように、欠乏すると壊血病になったり、免疫力が低下したりします。そのため、成人の場合ではビタミン類の中では最大の摂取量となる1日100mgを摂ることが推奨されています。

意外に知られていませんが、お茶はビタミンCを豊富に含んでいて、上級な煎茶ほど含有量が多い傾向にあります。そのため、煎茶を1日4〜5杯飲むことで、推奨摂取量の30〜50%のビタミンCを摂ることができるのです。

とはいえ、「ビタミンCは熱に弱いのに、熱い湯でお茶を淹れても大丈夫か?」と疑問に思う方もいるでしょう。確かに、ビタミンCは熱をはじめアルカリ性に弱く、しかも極めて酸化されやすく、壊れやすい性質があります。実際、野菜に含まれるビタミンCは10分間茹でると50%以上が分解されてしまいます。また、ビタミンCは水に溶けやすい性質があるため、ビタミンCを多く含む野菜の場合でも、洗ったり茹でたりすることで溶け出してしまいます。

それに対して、お茶のビタミンCは壊れにくく、安定しているのが特徴です。

それは、お茶に含まれるカテキン類にビタミンCを守る働きがあるからです。従って、ビタミンCを摂るためにはお茶が効率的といえるでしょう。

作物の中のビタミンCは日光を浴びて作られます。そのため、被覆栽培をして作る玉露や抹茶よりも、露天で栽培して作る煎茶のほうがビタミンCは多く含まれています。また、ビタミンCは酸化されやすいため、発酵させて作る烏龍茶にはわずかしか含まれず、紅茶ではまったく含まれていません。

お茶は生活習慣病を予防する？

生活習慣病は食生活の乱れや喫煙、運動不足など悪い生活習慣の積み重ねが原因で起こる病気の総称です。予防に役立つお茶の健康効果を見てみましょう。

抗酸化作用

抗酸化作用はお茶の代表的な健康機能ですが、すべての病気予防につながるともいわれる重要な健康保持作用です。体内の「酸化」と呼ばれる現象を抑えて組織が老化するのを防ぎ、免疫力を保つことにつながるからです。

人は呼吸によって酸素を体内に取り込んで生きています。酸素は最終的には二酸化炭素や水として体外に排出されますが、精神的・肉体的なストレスを強く受けたり、強い紫外線を浴びたり、喫煙したりすると、酸素の代謝がスムーズに行われなくなり、その一部が体内で「活性酸素」になります。この活性酸素は「悪玉酸素」ともいわれ、反応性が高くて無差別に体内の組織を傷つけます。この状態が長く続くと、生活習慣病や老化などのさまざまな病気や体の変化が起こりやすくなります。

お茶
抗酸化作用

紫外線

ストレス

活性酸素　活性酸素

例えば、血管の組織が酸化されると、血管の柔軟性が失われて動脈硬化が起こりやすくなります。お茶にはこうした酸化を抑える作用が認められています。お茶に豊富に含まれるカテキン類が活性酸素の発生を防いだり、発生した活性酸素を消したりする働きを持っているからです。

　ちなみに、酸化を招く要因の一つであるストレスは、身体的なものよりも精神的なもののほうが害は大きいといわれています。お茶を飲んでホッと一息つき、気持ちをリラックスさせることは、病気を遠ざける第一歩といえるでしょう。

🌿 高血圧予防作用

　高血圧は心筋梗塞や脳卒中などの生活習慣病を招く危険因子とされています。血圧が上がる原因は病気や遺伝体質、生活習慣などさまざまありますが、そのメカニズムには血液中のアンギオテンシノーゲンという物質が関わっています。

　アンギオテンシノーゲンは腎臓の酵素レニンによってアンギオテンシン Ⅰ となり、これがさらにアンギオテンシン Ⅰ 変換酵素によってアンギオテンシン Ⅱ に変換されることで、強い血管収縮作用を持つようになります。これが血管を収縮させ、血圧を上昇させる原因の一つとなっているのです。

　お茶に含まれるカテキン類には、このアンギオテンシン Ⅰ 変換酵素の働きを抑える作用があります。従って、お茶をよく飲むことは高血圧の予防に効果的といえるのです。

　約4万人を対象にした調査では、緑茶をよく飲む人の脳卒中による死亡率は、飲まない人に比べて男性で約35％、女性で約42％も低くなるという結果が出ました（栗山進一ら：JAMA,2006）。これは、お茶の持っている血圧上昇を抑制する作用が働いた結果だと考えられます。従って、正常な血圧を維持するためには、カテキン類がなるべく多く溶け出すよう、熱い湯でお茶を淹れたものをおすすめします。

　また、生葉を無酸素状態で数時間保管すると、葉に含まれるグルタミン酸がγ－アミノ酪酸（GABA）に変わりますが、このγ－アミノ酪酸にも血圧の上昇を抑える作用があります。この方法で作ったお茶は「ギャバロン茶」といわれ、毎日飲むことで高血圧を予防できるお茶として注目されています。

　とはいえ、高血圧の原因は特定しにくいため、塩分を控えめにするなど、ほかの要因にも注意を払って日頃から予防を心がけることが大切です。

✿ コレステロール値の上昇抑制作用

　高血圧と並んで生活習慣病の危険因子とされるのが、血中コレステロール値です。

　コレステロールは結びつくタンパク質の種類によって、「HDLコレステロール」と「LDLコレステロール」に分けられます。一般に、HDLは「善玉コレステロール」、LDLは「悪玉コレステロール」と呼ばれます。LDLコレステロールは血中濃度が高くなると、血管の内側にこびりつくようになります。これが酸化されると血管が詰まりやすくなり、心筋梗塞や狭心症、脳梗塞などを発症する可能性が高くなります。LDLコレステロールが悪玉と呼ばれる理由です。

　お茶にはカテキン類が豊富に含まれ、中でもエピガロカテキンガレート（EGCg）は全カテキン量の約半分を占めています。このエピガロカテキンガレート（EGCg）は、LDLコレステロールの酸化を抑える作用が強いことがわかっています。実際、毎日お茶7杯分のカテキン類（約600mg）を1週間摂取した健康成人の血液を調べたところ、LDLコレステロールの酸化が抑えられたという結果が出ています。また別の研究では、毎日、茶カテキン類400mgを3カ月間摂取した人では、善玉のHDLコレステロールの上昇が認められました（いずれも富田 勲ら，1998）。

カテキン類飲用前後のヒト血漿 LDL の被酸化性

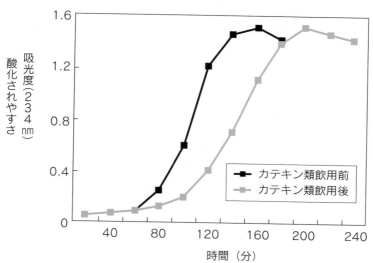

縦軸：吸光度（234 nm）酸化されやすさ
横軸：時間（分）

凡例：■ カテキン類飲用前　■ カテキン類飲用後

HDLコレステロールは善玉といわれるとおり、体内のすみずみから余分なコレステロールを肝臓に回収する働きを持ちます。以上のことから、コレステロール値は単純に低ければ良いというものではなく、善玉のHDLの数値は高く、悪玉のLDLの数値は低く保たれることが重要なのです。

❤️ 肥満予防作用 ─────────────

　ひと頃、「メタボリック・シンドローム」[1]という言葉が注目され、その診断基準も策定されましたが、昔から、太っていると生活習慣病にかかるリスクが非常に高くなるといわれています。実際、高血圧症や脂質異常症、糖尿病など、中高年が罹りやすい病気の多くは、肥満と密接に結びついていることが知られています。

　こうした中で、近年お茶のダイエット効果に注目が集まり、盛んに研究されています。

　食事で摂取されたでんぷんやショ糖は、唾液に含まれる酵素α-アミラーゼや、小腸から分泌される酵素であるスクラーゼなどによってブドウ糖（グルコース）に分解されて吸収されます。お茶のカテキン類には、このα-アミラーゼやスクラーゼの作用を阻害する働きがあることがわかっています。この働きにより、カテキン類はでんぷんの分解を抑えてブドウ糖の生成を妨げ、ブドウ糖から作られる脂肪を減少させます。それによって肥満が予防されると考えられます。

　また、BMI[2]が高い肥満成人男性に、お茶のカテキン類の量が異なる飲料を毎日1回、12週間飲んでもらったところ、カテキン類483mgを含む飲料を飲んだ人は、同180mgの飲料を飲んだ人に比べて、腹部の脂肪が有意に減ったという報告があります（長谷 正・時光一郎ら,2001）。こうした作用はカテキン類単独ではなく、カフェインとの相乗効果によって高められていると考えられています。

　"メタボ"に対してお茶がどのように機能するかについては、まだ詳しくは明らかにされていませんが、これからの研究成果に期待したいところです。

*1　メタボリック・シンドローム
　　　内臓脂肪症候群（通称メタボ）。内臓脂肪型肥満に加えて、高血糖、高血圧、脂質異
　　　常のうちいずれか2つ以上をあわせ持った状態をいう。日本肥満学会では、腹囲が男
　　　性85cm以上、女性90cm以上あり、かつ以下の3項目のうち2項目以上に該当する場
　　　合、"メタボ"としている。
　　　　1.　血圧最高130mmHg以上、かつ/または最低85mmHg以上
　　　　2.　中性脂肪150mg/dL以上、かつ/またはHDLコレステロール40mg/dL未満
　　　　3.　空腹時血糖値110mg/dL以上

*2　BMI（Body Mass Index）
　　　体格を示す指数。体重（kg）÷身長（m）÷身長（m）で算出される数値により、以
　　　下のように肥満度を測定する。
　　　18.5未満　　　　低体重　　　　　30〜35未満　肥満（2度）
　　　18.5〜25未満　普通体重　　　　35〜40未満　肥満（3度）
　　　25〜30未満　肥満（1度）　　　40〜　　　　　肥満（4度）

お茶はがんを予防する？

　お茶には生活習慣病を予防する効果がいろいろありますが、がんに対する予防効果はどうでしょうか。

　がんの発症には数々の因子が関わっていて非常に複雑です。一般には、遺伝子(遺伝情報)を保持しているDNAが傷害を受けることによって、正常細胞が突然変異を起こすことが原因と考えられています。

　そもそもお茶の健康機能が盛んに研究されるようになったのは、がんと関連する細胞の突然変異を抑制する効果がお茶に見出されたからです。微生物や動物（の細胞）を対象とした実験により、発がん性化合物による突然変異をお茶が強く抑えることがわかったのです。これをきっかけに、お茶とがんの関係が研究されるようになり、その研究成果により「どうやらお茶にはがん（特に、日本人のがん死因の1、2位を争う胃がん）を抑える効果があるらしい」と考えられるようになりました。

　厚生労働省研究班（国立がんセンター）による大規模な疫学調査（全国37,000人対象に12年間追跡）の結果をみても、緑茶を1日5杯以上飲む女性は、1杯未満の女性に比べて胃がんの発症リスクが7割以上低く抑えられていることがわかりました（津金昇一郎ら、2004）。

　現在、国内外でお茶のがん抑制効果についてさらに研究が続けられています。がん大国・日本に生まれた私たちとしては、お茶を飲みつつ、良い研究成果の報告を待ちたいものです。

他にもある
お茶の健康効果は？

お茶が効果を発揮するのは、生活習慣病の予防にとどまりません。
数あるお茶の健康効果のうち、気になる症状や病気に関わるものを
ピックアップします。

抗アレルギー作用

アレルギー疾患といわれるものには、花粉症やアトピー性皮膚炎、じんましん、気管支ぜんそくなどがあります。いずれも、花粉やホコリ、ダニなどの異物（抗原）が体内に侵入するのに対応して生成した抗体に対し、再び抗原が反応することによって起こる症状です。

お茶のカテキン類にはこの症状を抑える作用があります。お茶の抗アレルギー作用はお茶の品種によってまちまちですが、紅茶用品種の「べにふうき」や「べにふじ」、「べにほまれ」で作った緑茶には強い作用があります。残念ながら、緑茶の代表品種「やぶきた」には強い作用がありません。

なぜ「べにふうき」などが強い抗アレルギー作用を持つかというと、カテキンの一種「メチル化カテキン」が多く含まれているからです。メチル化カテキンは、お茶のカテキン類の中でも最も多く含まれるエピガロカテキンガレートの一部が変化した化合物です。メチル化カテキンは、花粉などの抗原が細胞表面の受容体に結合したとしてもその情報の伝達を遮断するため、ヒスタミンなどアレルギー症状を引き起こす物質の放出が妨げられると考えられます（山本（前田）万里ら,1998 ～ 1999）。

「べにふうき」は花粉症対策用のお茶として広く知られるようになり、近年は国内各地で栽培され、緑茶や釜炒り茶に加工されて販売されています。本来は紅茶用品種の「べにふうき」ですが、紅茶に加工するとメチル化カテキンが他の化合物に変化してしまうため、緑茶に加工されたものを飲むのが最も効果的です。その際に急須で淹れるよりも、5分くらい煎じたものや粉末茶にして飲む方がメチル化カテキンをより多く摂取できます。

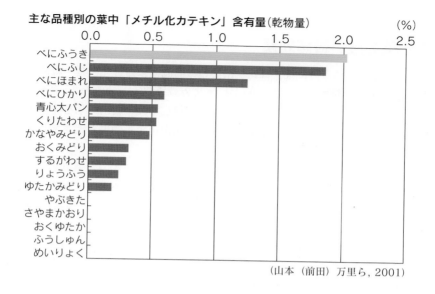

主な品種別の葉中「メチル化カテキン」含有量（乾物量）

（山本（前田）万里ら, 2001）

🌱 認知症に関する作用

　身体にさまざまな健康効果をもたらすお茶ですが、最近の研究により、脳にも良い効果をもたらすことが明らかになってきています。

　70 ～ 96歳の男女約1,000人を対象にした調査によると、緑茶を1日2杯以上飲んでいる人は、1週間に3杯以下しか飲まない人に比べて、認知障害のある割合が半分以下という結果が出ています（栗山進一ら,2006）。

　この調査では、緑茶を1日2 ～ 3杯飲む人と4杯以上飲む人との間では差が見られなかったことから、「1日2杯で効果が表れる可能性がある」としています。

　他にもマウスによる実験により、お茶のカテキン類が脳組織の萎縮に対して効果があること、学習能力や記憶能力の低下を抑えること、脳細胞の酸化によるDNA傷害を抑制することなどが明らかにされています（海野けい子ら,2006）。

　アメリカではカテキンのアルツハイマー病に対する作用についても研究されており、マウスによる実験ではカテキンによる効果が認められたという報告があります。日本ではアルツハイマー型の認知症は少なく、脳血管障害による血管性認知症が多いといわれてきましたが、近年は欧米諸国と同じくアルツハイマー型が増えています。高齢化が進む日本では、今後とも認知症の増加は続くことが懸念されますが、お茶の認知症予防作用に関する更なる研究成果が期待されるところです。

❧ お茶の強い殺菌効果

　古くからお茶の抽出液には、コレラ菌などの病原菌に対して抗菌・殺菌作用があることが知られてきました。特に、エピガロカテキンガレート（EGCg）やエピカテキンガレート（ECg）がコレラ菌に対して強い殺菌効果を発揮するだけでなく、コレラ菌の出す溶血毒を中和して無毒化する効果も確認されています（島村忠勝ら,1998年）。

　食中毒を起こす細菌は、腸炎ビブリオやウエルシュ菌などの「感染型食中毒細菌」と、ブドウ球菌やボツリヌス菌などの「毒素型食中毒菌」に分類されます。カテキンのうち、特にエピガロカテキンガレート（EGCg）やエピガロカテキン（EGC）は、これらの菌に対して、通常飲むお茶の半分くらいの薄い濃度でも強い発育阻止効果のあることが確認されています（原 征彦ら,1989）。

　また、毎年夏に話題となる腸管出血性大腸菌O-157に対しても、通常飲むお茶の4分の1ほどの濃度で殺菌効果があることがわかっています。さらに、抗菌薬の一種「メチシリン」に耐性を持つ黄色ブドウ球菌(MRSA)に対しても、お茶のカテキン類が低濃度で殺菌効果を発揮することが証明されています（いずれも島村忠勝ら,1996）。

　以上のことから、「お寿司にお茶」が付き物である理由も、生ものの保存が難しかった時代の食中毒予防策だったと考えられます。また、夏季の食中毒シーズンには食事にお茶が欠かせないことも同様の理由によるものです。

❧ お茶をよく飲むとウンチが臭くならない

　人の腸内には多くの細菌がおり、乳酸菌やビフィズス菌のような「善玉菌」と、ブドウ球菌やクロストリジウムのような「悪玉菌」に分けられます。腸内に悪玉菌が多いとウンチの臭いは臭くなり、逆に善玉菌が多いと乳児のウンチのように不快臭がしません。

　カテキン類は低濃度でも悪玉菌に対して強い殺菌効果を持ち、逆に善玉菌に対する殺菌作用は極めて弱いという特性があります。実際に、煎茶5〜6杯分に相当するカテキン類を毎日摂取した寝たきりの高齢者の腸内菌を調べたところ、善玉菌が増加して悪玉菌が減少し、悪玉菌の出すアンモニアや硫化物などの便の悪臭成分が減少したことが認められました（原 征彦ら,1989）。

　こうしたお茶の効用について、ぜひとも介護に携わる人にも説明していきたいものです。

✿ インフルエンザ・風邪予防

　カテキン類には抗ウイルス作用があり、特にインフルエンザウイルスを撃退することが知られています。カテキン類は、インフルエンザウイルスが気道粘膜に吸着して細胞内に入り込むのを妨げ、ウイルスが体内で増えて感染が拡がるのを防ぎます。

　こうしたウイルスへの直接作用だけでなく、抗炎症作用や免疫力を高める作用を持つこともわかっています。インフルエンザや風邪の予防のためにお茶でうがいしたりお茶を飲んだりすることが効果的という報告（山田浩ら,2006）があるのはこの理由によるものです。

　また、新型コロナウイルスに対する抗ウイルス作用についての研究も世界中で進められています。

　一方、お茶には抗喘息や抗菌、血圧上昇抑制などの効果が期待できる「サポニン」が含まれています。サポニンといえば大豆サポニンが有名ですが、俗にいうシャボン（石けん）と語源を同じくする言葉で、ギリシャ語で「泡立つ」という意味を持ちます。古来、サポニンを含む植物は石けんとして使われてきました。抹茶が泡立つのもこのサポニンの存在と働きが大きいと考えられます。

　なお、サポニンには苦味や渋味、えぐ味がありますが、お茶の味に影響をおよぼすほど大量には含まれていません。

✿ 虫歯・口臭予防

　お茶の抽出物がチューインガムに添加されていることがよくあります。それというのも、お茶は口内ケアに大きな効力を発揮するからです。

　虫歯は、歯に付着する虫歯菌（ミュータンス菌）が糖質（ショ糖など）を利用してグルカンという多糖体を作ることから始まります。グルカンが歯の表面で歯垢（プラーク）を作り、その歯垢の中で虫歯菌がさらに繁殖して糖質から酸を作ります。この酸によって歯質（エナメル質・象牙質）からカルシウムやリンが溶け出し、これが進行すると歯に穴が空きます。これが虫歯です。

　お茶のカテキン類は、こうした虫歯菌の繁殖を抑えると共に、グルカンの生成に関わる酵素の活性を低下させます。つまり、お茶には虫歯を予防する二重の効果があるといえます。

　また、お茶に含まれるカテキン類やポリフェノールの一種であるフラボノー

ル類、緑色色素のクロロフィルには消臭作用があります。ニンニクをすりつぶした液や魚の臭いをつけた液に緑茶の抽出物を加えると、液体から臭いが消えたり、薄くなったりすることがわかっています。こうした消臭作用を利用して、口臭を予防するガムが作られているのです。

以上のように、臭いの強いものを食べた後には、虫歯と口臭を予防するためにお茶を飲むのが正解といえます。さらに、それに加えてお茶の抽出物を添加したガムを噛むことで、虫歯と口臭予防の効果はより高まることでしょう。

お茶をたくさん飲むと貧血になるって本当？

お茶には鉄と結合しやすいカテキン類が多く含まれています。理論的に、そのカテキン類が鉄分吸収の妨げになることはあり得ないことではありません。では、実際のところはどうなのでしょうか。

人体では、鉄のほとんどは赤血球のヘモグロビン中に含まれ、体の各器官に酸素を運ぶ重要な働きをしています。1日に体外に排出される鉄の量は約1mgといわれますが、1日に必要な鉄の量は吸収効率を考えて10mgとされています。

鉄は食品中に「ヘム鉄」と「非ヘム鉄」の形で含まれています。このうち、ヘム鉄は動物性食品に多く含まれ、カテキン類と結合することはなく、20％程度の高い吸収率を示します。従って、貧血気味の場合はレバーや牛肉などの動物性食品を摂ると良いでしょう。

一方、非ヘム鉄は植物性食品に多く含まれ、吸収率は数％程度と低く、動物性タンパク質やビタミンCを多く含む食品と共に摂ることで吸収効率を高めることができます。

以上のことから、普通の食生活をしていればお茶をたくさん飲むからといって貧血になるという心配はないでしょう。

とはいえ、女性は生理によって鉄を失い、特に妊娠時には胎児の成長に伴って多量の鉄が必要になるため、鉄を積極的に摂ることが大切です。

なお、貧血症治療で鉄剤を飲んでいる場合には、茶類やコーヒーなどと同時服用することは避けた方がいいでしょう。

第3章
お茶のおいしい淹れ方

お茶を淹れる
ポイントは？

お茶のおいしさをバランス良く引き出すためには、どうすれば良いのでしょうか？ その方法に科学的に迫ってみましょう。

🍵 おいしさとは？

　おいしさとは、基本味と言われる五味「甘味、酸味、塩味、苦味、うま味」に辛味、渋味が加わった味覚、こくや香りが加わった風味、触覚、視覚、聴覚などを加えた食味、さらに食事環境や食文化・食習慣など様々な要因が総合されて感じる味です。

　そのため、人それぞれに基準が異なり、おいしさを一言で定義することは難しく、個人的な嗜好による部分も多いと言われています。

　また、おいしさはおおまかに「生理的な欲求が満たれるおいしさ」「食文化に合致したおいしさ」「情報がリードするおいしさ」「病みつきになる特定の食材が脳を刺激するおいしさ」の4つのタイプに分類されることもあります。

おいしさの構造

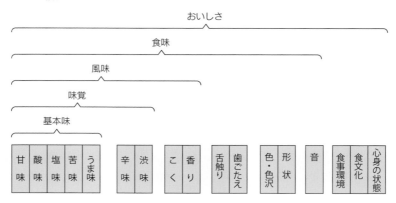

🌱 湯の温度と浸出時間が味の決め手 ─────────

　同じお茶の葉を使っても、淹れ方によっておいしくなったり、そうでなかったり…。そんな経験はありませんか？ お茶の味は、お茶に含まれる味成分が湯に溶け出す程度によって変わってきます。その鍵を握るのが「湯の温度」と「浸出時間」です。

　お茶の主な味成分は、どんなお茶でも湯の温度が高くなるほど溶出しやすくなりますが、低い温度での溶出の程度は成分によって異なります。

　カテキン類は低い温度では溶出しにくく、特に渋味の強いエステル型カテキン（EGCgやECg）は冷水にはほとんど溶出しません。遊離型カテキン（ECとEGC）とカフェインは、それよりもやや溶出しやすい性質があります。また、カテキン類は溶出するまでにやや時間がかかりますが、カフェインは高温ならすぐに溶け出します。

　一方、アミノ酸類は低温でも比較的よく溶け出し、溶出するまでの時間もかかりません。

湯の温度と成分溶出 (イメージ図)

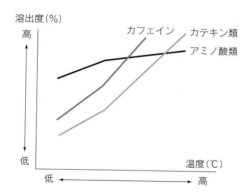

　以上のことから、低い温度のお湯を使って淹れると、アミノ酸類はよく溶け出てうま味と甘味が濃くなり、カテキン類とカフェインは溶出しにくいため、苦味や渋味が薄いお茶になります。また、高温で淹れると、高温で溶け出しやすいカテキン類やカフェインによって苦味や渋味が増して、全体的に強い味のお茶になります。

　人によって味の好みはいろいろあるため、自分好みの味になるような淹れ方を知っておくことが大切です。また、お茶は種類によって味成分の含まれる量が異

なります。それを踏まえた上で湯の温度と浸出時間を工夫するのがお茶の淹れ方の基本です。

温度による味の違い

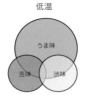

低温

うま味の強いお茶を
飲みたい時には
ぬるめのお湯で

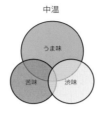

中温

うま味と渋味や苦味との
バランスの良いお茶を
飲みたい時には70度
くらいのお湯で

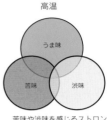

高温

苦味や渋味を感じるストロン
グティーを飲みたい時は
熱湯で

🌱 お茶の種類で淹れ方を変える

　玉露や上級煎茶は、濃厚なうま味・甘味と軽い苦味・渋味のバランスを楽しむものです。玉露では低い温度でも溶け出すアミノ酸類を十分に引き出し、カテキン類やカフェインを抑え気味にするために、湯の温度を50〜60℃と低めにし、浸出時間は2分〜2分半と長めにします。

　上級煎茶では湯の温度を70℃くらい、浸出時間は約2分とします。ただし、最近は上級煎茶でも浸出しやすいものがあるため、浸出時間はお茶によって調整する必要があります。

　一方、下級煎茶や番茶などの日常的なお茶は、上級なお茶に比べてうま味や甘味の成分が少ないものの、苦味や渋味の成分はそれほど差がありません。そのため、熱湯を使って30秒くらいの浸出時間でサッと淹れるのが良いでしょう。それにより、適度な苦味や渋味のあるさっぱりとしたお茶になります。

　このように、お茶を淹れるには湯の温度調節と浸出時間が大切です。そこで、ここでは茶器を使って簡単に温度調整（湯冷まし）をする方法を紹介しましょう。

　湯温を調整するには、お茶を淹れるのに使う急須や茶碗、湯冷ましなどの茶器を利用します。季節や材質によって多少の違いはありますが、これらの器に湯を入れることで湯温は約10℃下がります。最初に急須に入れて10℃、急須から茶碗に移すことで10℃と、これだけで湯の温度を20℃下げることができるわけです。玉露のようにさらに下げる必要がある場合は、「湯冷まし」という茶器を使います。

　湯の温度の目安は、急須の下部を触った時に熱いと感じても触っていられる程度なら50〜60℃くらいで、熱くて触れられないようならおよそ80℃以上です。

また、お茶の量と湯の量のバランスも大切な要素です。一般的には、上級なお茶ほどお茶の葉を多めに、湯を少なめにして濃く淹れるのが良いとされます。また、普段使いのお茶は上級なものよりも湯を多めにして、サッと淹れるのがおいしい淹れ方のコツです。湯温については、焙じ茶のように香りを愉しむお茶は熱湯で、うま味を愉しむお茶ならば50〜70℃くらいの低い湯温で淹れるのが良いでしょう。

どんな名人であっても、お茶の量が少なく、湯の量が多くてはおいしいお茶を淹れることはできません。お茶の種類ごとの特徴を踏まえながら、そのお茶に適したお茶の量や湯の量、湯温、浸出時間を調節することが重要です。

お茶の標準的な淹れ方

茶　種	人数	茶の量	湯の量	湯　温	浸出時間
玉露(上)	3(人)	10(g)	60(mL)	50(℃)	150(秒)
上級煎茶	3	6	170	70	120
中級煎茶	5	10	430	90	60
番茶	5	15	650	熱湯	30
焙じ茶	5	15	650	熱湯	30

茶のいれ方研究会：茶研報（1973）から抜粋

2通りあるお茶の淹れ方

お茶の淹れ方には2つの方法があります。ひとつは「烹茶法」といわれる方法で、土瓶等で湯を沸かしてお茶を入れ、一定時間煮出して成分を抽出します。もうひとつは「淹茶法」といわれる方法で、急須にお茶を入れ、湯を注いで一定時間浸出して成分を抽出します。一言で「淹れる」といっても、お茶の種類も、使用する茶器もいろいろあります。

お茶に合う水とは？

どれほど上級のお茶を使っても、水が悪ければお茶は台無しです。では、おいしいお茶を淹れることができる水とはどのような水なのでしょうか？

🌱 軟水か、硬水か？

　お茶の浸出液は約99.7%がお湯（水）で、溶出成分は約0.3%にすぎません。このことから、淹れる時に使う水がお茶の味を左右することがわかります。

　水は硬度により、硬水と軟水の2種類に分けられ、硬度は含まれているカルシウムイオンとマグネシウムイオンの量によって決まります。日本では、水1L中に含まれるカルシウムとマグネシウムの量を、これに対応する炭酸カルシウムの量に換算する「アメリカ硬度」の方式が使用されています。

　この硬度によると、100未満が軟水、100以上が硬水に分類され、日本各地の水は軟水に分類されます。一般に、お茶には軟水が適していますが、ヨーロッパなどでは硬水が多く、世界の国や地域によって水の硬度はそれぞれ違います。

　硬度とお茶の味についての実験では、蒸留水にカルシウム塩やマグネシウム塩を添加して作ったさまざまな硬水のモデル水で煎茶や玉露を淹れてみると、いずれのモデル水でも硬度10～50のものが味や香りの点で高い評価を得ました。硬度50以上では、「香りが乏しい」、「おかしな味がする」などと低い評価が出ています（2000年、小澤良和ら発表）。

　実際の水の場合には、モデル硬水のように単一の物質が硬度を決定するものではありませんが、この実験結果から、使用する水の硬度にも気を配る細やかさが大切なことがわかります。

　硬水でも、石灰岩地形を流れる河川水や地下水で炭酸水素カルシウムを多く含むもの（一時硬水）は、沸騰させることで硬度が下がるため、お茶を淹れる時は必ず沸騰させた湯を使うのが基本です。ただし、カルシウムやマグネシウムの硫酸塩・塩化物が溶け込んでいるもの（永久硬水）は、煮沸しても硬度は下がりません。

🍵 湯の沸かし方

　最近では、お湯は電気ポットで沸かす人も多くなりましたが、湯の沸かし方は古くから非常に重要視されています。特に、中国の古書『大観茶論』では、沸騰の様子を「まずは『魚の目』、『蟹の目』のような連続で飛び跳ねてくる泡が出てくるようになったらよろしい」と述べ、湯の表面に出現する泡の状態を表しています。

　また、元の国・王禎の『農書』では、「まず先に蟹の目のような泡が　これを第一沸／その後、魚の目のような泡が　これを第二沸／最後に松林に風が吹くような音が　これを第三沸」と表し、第三沸に至れば湯が沸いたと判断し、現在でも湯沸かしの基本となっています。

　湯沸かしで水の温度を上げていくと、水に溶け込んでいる空気や炭酸ガスが抜けていきます。煎茶のように爽快感を求める茶種の場合には、炭酸ガスはある程度あった方が良く、沸かしすぎた湯は良くありません。それは、沸かしている間に水が蒸発してイオン濃度や硬度が高くなるためです。その結果、味が淡泊になる傾向があり、煎茶にとっては好ましくないことが知られています。ただし、抹茶では硬度が高くなっても味への影響は少ないといわれています。

　沸騰し始めたらヤカンの蓋を外すか、少しずらし、5分ほど沸騰状態を続けてカルキ臭を抜くと共に、溶存空気を放出させると良いでしょう。湯冷ましが必要な場合でも、必ず一度沸騰させた湯を目的の温度まで冷やして使用することが重要で、これを怠ると急須の中の葉茶が泡に包まれて沈まなくなり、淹れたお茶も水っぽくなったりします。

お茶の淹れ方の基本は？

毎日お茶を淹れている人でも、淹れ方の基本を知らない人は少なくないはず。この機会に、淹れ方の基本をマスターしておきましょう。

🍃 基本となる煎茶の淹れ方

　お茶にもさまざまな種類がありますが、ここでは日本茶の代表といえる煎茶を例に、基本的な淹れ方を紹介します。

1　人数に適した茶器を用意する
　　人数分の湯が入る大きさの急須と人数分の茶碗を用意します。

2　人数に適したお茶の葉を用意する
　　1人分約2〜3gを目安として、人数分のお茶の葉の量を用意します。
　ただし、1人の時はやや多めにし、5人以上の場合は1人分2gと少なめにします。いつも使っている茶さじ1杯分の重量をあらかじめ量っておくと良いでしょう。

3　湯の温度を調節する
　　まず5分程度沸騰させた湯を人数分の茶碗に注ぎます。これにより器を温めると共に湯の温度を下げ、併せて湯の量を量ることができます。100℃のお湯を茶碗に注ぐことでお湯の温度が90℃くらいに下がります。煎茶の品質によってやや異なりますが、70〜90℃くらいが適温です。

4　湯を注ぎ、お茶を淹^だす（浸出する）
　　人数分の茶碗に入れた湯をお茶の葉を入れた急須に注ぎ、1〜2分ほど待

ちます。お茶は、葉の量のおよそ4倍の水を吸収することから、その分を見込んで湯を余分に用意します。急須の中に湯が残ると成分が浸出し続けてしまうため、茶碗に注いだ後に急須に湯が残らないように湯の量を調節するのがコツです。

5 注ぐ

　人数分の茶碗に数回に分けて少しずつ注ぎます。これを「廻し注ぎ」といい、例えば、3人分の場合は1→2→3と少量ずつ注いだら、次は3→2→1と戻り、これを繰り返します。こうすることで、すべての茶碗の味と量が均一になります。急須にお茶が残らないように、最後の一滴まで注ぎ切ることが大切です。

　お茶の淹れ方は人柄や教養を表すともいわれます。ちょうど良いお茶の量や湯の量などをつかむには、何度も繰り返し淹れてみることが大切です。

煎茶の淹れ方

人数分の茶碗に，ポットの湯をそれぞれ8分目（80mL）入れ，適温になるまで冷ます

茶碗の湯を冷ましている間にお茶の葉を人数分（約2〜3g×人数分）急須に入れる

適温まで冷ました茶碗の湯を急須に注ぐ

蓋をして，約1〜2分待つ。葉が8〜9分目開いた頃が一煎目を出すポイント

水色をみながら，濃さと量が均一になるように「廻し注ぎ」する

茶碗の底を布巾で拭いてから，最後に茶托にのせる

お茶の基本的な淹れ方

玉露の淹れ方

①

- 湯冷ましにお湯を注いで冷ます（2杯分）。
- 急須はごく小ぶりのものを使用する。

②

- 湯冷ましのお湯を茶碗に注ぐ。
- 各茶碗に30mLほど入れ、残ったお湯は捨てる。

③

- 急須にお茶の葉を入れる。
- 2人分で8g大さじ山盛り1杯分。

④

- 50〜60℃になった茶碗のお湯を急須に注いでお茶が浸出するのを待つ。
- 2分半を目安に。

⑤

- お茶を茶碗に注ぐ。
- 分量は均一に、濃淡のないように「廻し注ぎ」をする。
- 最後の1滴まで注ぎ切るのがポイント。

番茶の淹れ方

①

- お茶の葉を急須（土瓶）に入れる。
- 3人分で10g（家庭にある大さじで2杯分）。

②

- 熱湯を急須（土瓶）に注ぐ。
- お湯の量は多すぎないように気をつける。

③

- お茶を茶碗に注ぐ。
- 分量は均一に、濃淡のないように「廻し注ぎ」をする。
- 最後の1滴まで注ぎ切るのがポイント。

🍃 冷茶の淹れ方（水出し茶）

　最近は冷たいお茶も話題となっています。また、暑い時期に冷たいお茶を飲むと口の中がさっぱりとし、何ともいえない味わいがあります。ここでは冷茶の淹れ方を紹介しましょう。

①ティーバッグを使った淹れ方

　最近はティーバッグになった水出し用煎茶が多くなり、簡便に淹れることができるようになりました。

　冷水ポットを使う場合、水0.5Lに対して水出し用ティーバッグ1袋（約5g）を入れます。その後は冷蔵庫に20分間くらい置いて冷やします。薄い味が好みの場合は置く時間を短めに、濃い味が好みの場合には置く時間を長めにします。適当な味の濃さになったと思ったら、冷水ポットからティーバッグを取り出します。冷たいお茶は濃いめの方がおいしく感じられます。

　なお、水出し煎茶は作り置きしないで、一日で飲み切るようにしましょう。

ティーバッグを用いた冷茶の作り方

冷水ポットに水0.5L当たりティーバッグ1袋を入れる

冷蔵庫に約20分間入れる

ティーバッグを取り出して出来上がり

②お茶の葉を使った淹れ方

　まず急須にお茶の葉を入れます（深蒸し煎茶や特蒸し煎茶の場合は1人分約3g、また普通煎茶の場合は1人分約4g）。茶の分量はやや多めに使って濃いめに淹れるとよいでしょう。あらかじめよく冷やした水を茶の葉が浮き上がらないように静かに注ぎ、約5分間置いてからグラスなどに注ぎます。もし、味が薄いようであれば時間を少し長めにしてください。使用する水や味の好みの程度はティーバッグの水出し煎茶の淹れ方と同様です。

　また、氷を用いて冷茶を淹れる場合には、まず急須に普通煎茶（1人分約3g）を入れます。約60℃に冷ました湯を注いで約2分間置いた後、氷をやや多めに入れたガラスの器に浸出した茶を注ぎます。この時に氷が溶けてお茶が薄まるため、濃いめに浸出することがポイントとなります。

おいしい水ってどんな水？

　おいしい水といえば、日本各地にある「名水百選」を思い浮かべる人も多いでしょう。名水百選は昭和60（1985）年に環境庁水質保全局（当時）が選定したもので、平成20（2008）年には新たに「平成の名水百選」（環境省選定）として100カ所が加わっています。これらの名水のほとんどは、雨水が地下に浸透して数年から数十年を経たものです。適度なミネラル分を含み、酸素や炭酸ガスが溶け込み、水温が低く、余分な有機物が含まれていないのが特徴です。これらは、「おいしい水研究会」が示した「おいしい水の条件」にも共通する項目で、その他に「水道水の殺菌に使う塩素分が少ないこと」「硬度が10～100であること」などが挙げられています。

　近年、東京の水はおいしくなったといわれますが、これは水道水が高度浄水処理により浄水性能が向上しているからです。沸騰させてカルキ臭をなくせば、水道水でもおいしい水になります。皆さんもよくご存じのとおり、一歩海外に出ればほとんどの国の水道水はまずくて飲めないといわれます。その点、日本の水は昔からおいしいことで世界的に定評があります。こうした水が普通に飲める日本の環境に感謝したいものです。

お茶をもっと愉しむ
コツは？

お茶の淹れ方をマスターしたら、今度はお茶や茶器にもこだわって
みたいもの。お茶の愉しみの幅が広がり、ますますお茶を好きにな
れるはずです。

❦ お茶の選び方

　皆さんの中には、「袋詰めのお茶しか買ったことがない」という方も多いで
しょうが、お茶を見たり触ったりすることで、良いお茶を見極める目が鍛えら
れます。時には、お茶専門店でじっくりと選んでみるのもいいでしょう。

1　形を見る

　玉露や煎茶のように、よく揉んで作るお茶は見た目にも良し悪しが表れ
ます。どちらも細くて光沢があるものが上質とされますが、「剣先」が含
まれていることもポイントです。剣先とは、針の先のように鋭く伸びた端
のことで、柔らかい新芽を使って丹念に揉まれたお茶である証拠です。深
蒸し煎茶は蒸し時間が長いために葉の組織が柔らかくなり、揉む時に葉が
細かくこなれます。そのため、煎茶に比べて茶の形は小さく、粉が多くな
りますが、決して粗雑なお茶ではありません。

2　色、艶を見る

　玉露や煎茶は深い緑色をしていて、表面に艶があるのが良いものです。
深蒸し煎茶はやや飴色がかっており、粉が多いために光沢のある葉は少な
くなっています。

3　触ってみる

　玉露や煎茶は、手触りがしっとりとしていて、重さを感じるものが良い
とされています。良いお茶は、硬く引き締まった感じがします。

🍵 お茶の保存方法

　せっかくおいしいお茶を手に入れても、保存方法が悪ければ傷んでしまい、味も香りも台無しになります。お茶は少しずつ使うものですので、保存には十分注意しなければなりません。

　お茶は酸素や湿気、温度、光の影響を受けて変質しやすい、とてもデリケートな食品です。それに、とても周囲の臭いを吸着しやすいものです。そのため、密閉できる容器に入れ、涼しくて暗い場所に保管することが保存の基本となります。産地のお茶屋さんでは、変質を防ぐためにマイナス20〜40℃の冷凍庫で保管しているほどです。

　もしお茶をたくさん入手した場合には、10日分くらいを取り分けて使い、残りは缶などに入れてテープなどで密封し、さらにポリ袋に入れて冷蔵庫で保存する方法をお奨めします。こうすることで臭いや湿気をシャットアウトできます。

　家庭でお茶を保存する際の適温は5〜10℃とされており、冷蔵庫に入れておくのが最適です。ただし、急激な温度の変化は容器や茶の表面に結露を招くため、冷蔵庫から出したら、すぐに容器を開けるのではなく、常温に戻してから使うようにしましょう。

　一番もったいないのは、良いお茶を大事にしまい込んで傷めてしまうことです。未開封とはいえ鮮度が落ちてしまいます。

　鮮度はお茶の味や香りにとって命ですので良いお茶ほど思い切って封を開け、早いうちに使い切るようにしましょう。

お茶の保存方法

❦ 茶器の選び方

　日本の茶器は長い歴史に磨かれて、お茶の種類ごとに使いやすいものが作られてきました。

　玉露は濃厚なうま味を少量ずつ楽しむお茶のため、急須も茶碗も非常に小さいものを使います。逆に、番茶はさっぱりした熱いものをたくさん飲むため、急須でなく、大きな土瓶を使ったり、肉厚の大きな茶碗を使ったりします。煎茶は、急須も茶碗もその中間くらいの大きさが適当です。仮に番茶用の土瓶を煎茶に使うと、お湯の調整が難く、おいしく淹れられません。

　このように、さまざまなお茶をおいしく飲むために工夫された茶器は日本特有のものであり、先人の知恵の結晶といえるでしょう。中でも、日本の急須はお茶がおいしく淹れられるように、いろいろな工夫がなされています。

　例えば、急須の持ち手には「横手」と「後ろ手」「上手」がありますが、日本の急須はほとんどが横手で、持ち手が横から棒状に突き出ています。後ろ手は注ぎ口と持ち手が一直線上であるのに対し、横手は持ち手を握った手の親指で蓋を押さえたまま片手で注ぐことができます。

　また、日本の優れた製陶技術は世界でも指折りで、注ぐときに蓋がガタガタ動くことはありません。さらに、一般的な急須では茶殻が出てこないように、内側に網がついています。　特に、深蒸し煎茶が増えてからは、細かい茶葉で急須の網目が詰まることから、金網製の帯網タイプのものが増えています。

　このような素晴らしい日本の茶器をぜひ活用し続けたいものです。できればタイプの異なるものをいくつか揃えておき、お茶の種類ごとに使い分けるというのもお茶の楽しみ方としておすすめです。

急須の持ち手

横手　　　　　　　　　後ろ手　　　　　　　　上手

急須の網目

ポコ

細目
（ささめ）

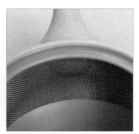

帯網
（おびあみ）

茶種別適切な茶器

	急須・土瓶	湯冷まし	茶碗
玉露	急須 90mL	有り	40mL
上級煎茶	急須 250mL	有り	100mL
中級煎茶	急須・土瓶 600mL	—	150mL
番茶・焙じ茶	土瓶 800mL	—	240mL

茶のいれ方研究会（1973）から抜粋

茶種別の茶器セット例

中級煎茶用

番茶・焙じ茶用

玉露用

上級煎茶用

こんな時にはこんなお茶

お茶にはいろいろな種類がありますが、どのお茶をいつ飲むと良いのでしょうか。1日の生活の流れと共に、それぞれの場面にぴったりのお茶を紹介しましょう。

1 朝一番には・・・抹茶、玉露、上級煎茶

上級な煎茶には頭脳の働きを活発にするカフェインが多く含まれています。「朝茶は福が増す」ともいわれるように、熱めの湯温で濃いめに淹れた玉露や煎茶、抹茶で、すっきりと1日のスタートを切りましょう。また、二日酔いの症状回復にも最適です。ただし、胃の弱い方は何か食べてから飲むようにしましょう。

2 勉強や仕事の合間、会議中には・・・上級煎茶、玉露

勉強中や仕事中、長時間の会議で頭をすっきりさせたい時や眠気を覚ましたい時には、中枢神経興奮作用のあるカフェインが役立ちます。カフェインは高い温度の湯に溶け出しやすいので、上級煎茶や玉露を熱めの湯温で濃く淹れましょう。長距離の運転時にも最適です。

3 空腹時には・・・番茶、焙じ茶

お腹が減った時には番茶や焙じ茶が良いでしょう。空腹時に濃いお茶を飲むと、胃に刺激が強すぎるため注意が必要です。

4 食後には・・・上・中級煎茶、焙じ茶

食後には上級煎茶や中級煎茶を熱めの湯温で、やや濃いめに淹れて飲むのが良いでしょう。渋味が口の中をさっぱりさせると同時に、カテキンが虫歯菌の増殖を抑えたり、食中毒を予防したりする効果が期待できます。また、脂っこい食事の後には、香ばしい焙じ茶が口の中をさっぱりしてくれます。

5 スポーツ前には・・・玉露、上級煎茶

カフェインはよく筋肉刺激剤といわれますが、力仕事やスポーツの前にはカフェインを豊富に含む玉露や上級煎茶を高い湯温で淹れて飲むのがおすすめです。運動をする20分から30分前に飲み、以降20分から30分ごとに1杯ずつ飲むと良いでしょう。ちなみに、ある名門マラソンチームのスペシャルドリンクは上級煎茶をベースにしているそうです。

6 寝る前には・・・番茶、玄米茶

寝る前に飲むなら、中枢神経興奮作用のあるカフェインが少ない番茶や玄米茶、または低温で淹れた薄めの煎茶が良いでしょう。こうしたお茶は刺激が弱いため、高齢者や幼児にもおすすめです。玉露や抹茶はカフェインが多いのでおすすめできません。

日本茶の文化を支える焼物産地

　日本のお茶文化の発展は、茶器の生産と切り離すことはできません。全国の焼物産地で生産される日常用具としての茶器の広がりによって、より広範にお茶に親しむスタイルが定着しました。茶器も多く生産する代表的な焼物産地を紹介します。

焼物産地マップ

備前（びぜん）焼
岡山県備前市を中心に造られる焼物。田土を原料として、独特な「窯変」が特徴で、茶器も多く造られる。

萩（はぎ）焼
山口県萩市を中心に造られる焼物。粗い土味と萩釉を使った焼成により表面に貫入ができ、萩の七化けといわれる風合いの変化が出る。

有田（ありた）焼
唐津（からつ）焼
有田、伊万里、波佐見など、佐賀・長崎両県にまたがった産地の焼物。地域ごとに作風、図柄に違いがみられる。世界への輸出と歴史ある産地として発展。

信楽（しがらき）焼
滋賀県信楽町で造られる焼物。釉薬を掛けずに焼成し、灰などの自然釉による「窯変」が特徴。

九谷（くたに）焼
金沢を中心に加賀藩の保護のもとに発展した焼物。いわゆる九谷焼調という緑釉、黄釉の柄と色彩が特徴。

益子（ましこ）焼
栃木県益子町で造られる焼物。黒、柿、灰色といった渋い色の釉薬を使い、シンプルなデザインかつ肉厚でぼってりした重量感のある地味な作風が特徴。

瀬戸（せと）焼
美濃（みの）焼
愛知県瀬戸市を中心に隣接する岐阜県多治見市や土岐市などで焼かれる焼物。「瀬戸物」は日本の陶磁器の代名詞になっている。茶器の生産も盛ん。

常滑（とこなめ）焼
愛知県常滑市を中心に造られる焼物。朱泥急須を中心に、使いやすく飽きのこないシンプルなラインと無釉の自然な手触りが特徴。

砥部（とべ）焼
愛媛県砥部町で造られる白磁器の焼物。白磁と呉須を使ったシンプルな絵付けで、厚手に焼かれるものが多い。

清水（きよみず）焼
京都市内に窯元がある京風の焼物。繊細で精緻な絵柄が特徴で、高級感や雅さがある。茶の湯道具等の高級陶器が有名。

萬古（ばんこ）焼
三重県四日市市を中心に焼かれる焼物。急須といえば萬古焼といわれるほど全国普及。紫泥といわれる轆轤成型の急須が造られている。

第4章
チャの育て方

チャを育てやすい
条件とは？

日本各地で栽培されているチャですが、生育にはどのような条件が必要なのでしょうか？まずはチャの北限を見てみましょう。

🌱 日本におけるチャの北限

　チャはもともと亜熱帯原産なので、あまり寒さに強い植物ではありません。世界では、およそ赤道を挟んで北緯45度から南緯45度の間で栽培されています。

　日本で栽培されているチャは、比較的寒さに強い中国種です。では、日本でお茶の北限とはどこなのでしょうか？　それには次の4つの見方があります。

　一つめはお茶の栽培・生産が産業として経済的に成り立つ北限です。太平洋側では茨城県大子町（奥久慈茶）、日本海側では新潟県村上市（村上茶）でお茶が生産されています。この2つの地域を結んだ線が、経済的栽培の北限とされています。

　二つめは製茶の北限といわれる地域です。古くから農家の副業として、また自家用としてお茶を生産している地域のことで、伝統的な手揉み製茶の北限は秋田県能代市（檜山茶）、近代的な機械製茶の北限は岩手県陸前高田市（気仙茶）です。国土地理院の地図で茶園として記されている最北は、秋田県能代市檜山です。

　三つめは茶が栽培されている北限です。青森県黒石市では過去にお茶が生産されていたため、チャが露地栽培されています。

　四つめはチャの木が植樹されている北限で、北海道古平町（北緯約43度）の禅源寺の庭にあるチャが日本最北の茶樹です。

茶栽培の4つの北限

植樹としての北限
北海道古平町

栽培の北限
青森県黒石市

製茶の北限
秋田県能代市

岩手県
陸前高田市

新潟県村上市

経済的産地の北限
茨城県大子町

🌱 チャが育ちやすい気象条件

　チャは基本的に温暖で湿潤な地域で育ちやすい植物なので、気象条件、特に気温と降水量に左右されやすい性質を持っています。

　具体的には年平均気温が14〜16℃くらいで、最低気温がマイナス11〜12℃を下回ることがない地域が栽培に適しています。

　また、降水量は年間1,300mm以上で、そのうち生育時期にあたる4〜10月に900mm以上であることが条件です。日本の平均降水量は年間約1,800mmなので、チャの栽培に雨量を心配する必要はありませんが、生育時期には適度に雨が降る必要があります。夏季に長期の無降雨期間があると、生育に影響することがあります。

　チャの芽は気温が高くなるほどよく育ちます。とはいえ、気温が高い地域は収量が多くても、品質はやや劣ります。平均気温だけでなく、昼夜の温度差などもお茶の品質に大きく影響します。

❧ チャが育ちやすい土壌

　チャの生育には粘土と砂質土に土壌有機物が混じりあった土壌が適しています。深く耕せる厚い土の層を持ち、養分に富み、通気性が良く、しかも適度な保水性があるのが良い土壌の条件です。

　特にチャの生育は土壌水分に影響されやすく、水分が多すぎても少なすぎても根の生長には良くないため、排水性も重要です。また、他の植物と違って酸性を好み、pH4～5の酸性土壌が適しているのがチャのユニークな特徴です。

　国内産地の土壌は多種多様ですが、多少前記の条件にそぐわなくても、土壌改良や施肥などによって欠点を補うことができます。

お茶の地図記号の元は何？

　新芽を収穫するお茶は、生殖生長が進まないように栽培管理されるため、花を着けることはあまりありません。しかし、花芽を着けた場合には8～12月頃に開花し、翌年の10月半ば頃に成熟した果実が裂けて、丸い茶色い種子を落とします。1果に種子が3粒ほど入っており、この様子が地図記号の元になっています。

　なお、この茶畑と史跡・名勝・天然記念物の記号は3つの点で表され、形がまるで同じですが、茶畑を表す記号より史跡等を表す記号の方が大きく太く表されています。また、史跡等は記号1つのみで、すぐ脇に史跡等の名称もあわせて表示されるのに対して、茶畑の場合には一帯が複数の記号で表示されます。

茶園の地図記号

天然記念物の
地図記号

チャの品種にはどんなものがある？

お茶には数多くの品種がありますが、栽培する品種をどのように選ぶのでしょうか？　「やぶきた」をはじめ、代表的な品種の特性を紹介しましょう。

🌿 品種の選び方

　チャの品種改良は明治時代より本格的に取り組みが始まり、令和3（2021）年現在品種として登録されるものは農林登録で50種類以上、種苗法による登録品種では80種類以上にも及びます。茶園で栽培するチャの品種を選ぶ際には、作るお茶の種類（茶種）や気象条件、経営形態、茶園の面積などを踏まえた上で、品種ごとの特性と照らし合わせて考える必要があります。

　まず、日本茶の原料となる品種は、茶種によって「煎茶用」「玉露・碾茶用」「釜炒り茶用」の3つに大別されます。煎茶用の品種を選ぶ際の基準としては、煎茶ならではの味と香りに優れていることが重要です。玉露・碾茶用の品種は、覆いをかけて栽培することから、遮光に対する生育適応性があることや、葉の色が鮮やかな緑であることが必須となります。一方、釜炒り茶用の品種は、いわゆる釜香の出具合が良いことが基準になります。

　なお、最近では「べにふうき」などの紅茶用の品種も登録され、栽培されています。

　産地の気象条件や立地条件も品種を選択する際の重要なポイントです。「やぶきた」は中生種で、これより摘採時期が早いのが早生種、遅いのが晩生種とされています。温暖で霜が降りない地域では、早く収穫できる早生種を栽培すると有利です。他の地域よりも早い「走り新茶」を生産できるからです。逆に、気温が低い山間地では耐寒性を第一に考える必要があり、霜の被害に遭わないように晩生種を選ぶのが良いでしょう。

　茶園の面積が大きい場合には、数種類の品種を組み合わせて栽培するのが得

策です。1つの品種だけを栽培すると、摘採時期が一時期に集中し、お茶の生産作業に支障を来します。経営戦略的には、早生種・中生種・晩生種を合理的に組み合わせ、作業を分散させながら栽培するのが良い方法です。

好適な地帯別品種組み合せ例

	山間高冷地・寒冷地	中部・北九州平坦地	南九州・本州海岸暖地
早 生		しゅんめい やえほ	さえみどり あさつゆ しゅんめい ゆたかみどり
中 生	さやまかおり やぶきた ふくみどり	やぶきた めいりょく さやまかおり	やぶきた めいりょく みなみかおり
晩 生	かなやみどり おくゆたか やまとみどり	かなやみどり おくみどり おくゆたか	おくゆたか おくみどり

🌱 主な品種の特性

　チャは品種ごとに異なる特性を持っています。ここでは、代表的な品種の特性を見てみましょう。

　お茶の代表的な品種といえば「やぶきた」です。明治41（1908）年に杉山彦三郎により選抜された「やぶきた」は、品質が高い上に収量が多く、しかも寒さに強くて根付きやすい中生種で、栽培する地域をほとんど選ばない優秀な品種です。現在では全国の茶園面積の70%以上で栽培されています。

　「ゆたかみどり」は鹿児島県や宮崎県に広く栽培されている早生種です。収量が多くて病気に強く、樹勢（樹が生長する勢い）が強い品種ですが、寒さに弱いのが難点です。そのため静岡県では普及しませんでしたが、温暖な鹿児島県では栽培や製造の方法を改良し、お茶の品質を向上させたことにより、「ゆたかみどり」が広く普及するようになりました。ただし、品種として農林登録はされていません。

　近年注目されている品種が「べにふうき」です。「べにふうき」は日本では珍しい紅茶用の品種として開発されたアッサム系の品種ですが、花粉症などの

アレルギー症状に効果があるメチル化カテキンを多く含むことで話題となっています。耐寒性が弱いため、主に九州地方で栽培されていましたが、近年はその機能性が評価され、全国の温暖な産地で栽培されるようになりました。

品種別栽培面積

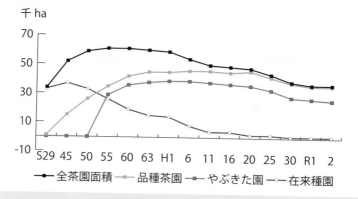

「やぶきた」ばかりがなぜ多い？

　現在、日本の茶園で最も多く栽培されている品種は「やぶきた」で、その作付面積は全茶園面積の70％以上と圧倒的な割合です。では、なぜこれほど多く栽培されるようになったのでしょうか？「やぶきた」が急速に普及したのは1960年代です。当時は凍霜害を防ぐ技術が確立していなかったので、凍霜害を受けにくい時期に萌芽し、かつ栽培しやすい上に、収量が多く、何よりも安定的に良い品質のお茶が得られる「やぶきた」は、栽培農家にとっても、また茶商にとっても有益なお茶であったことが人気の理由といえます。現在の茶業があるのは「やぶきた」のお陰といっても過言ではありません。

　チャは永年性植物で、成木になるまでに時間も費用もかかるので、茶園では一般に30年以上、樹の植え替えをしません。それだけに、植え替える時には慎重になり、市場の評価が安定していて栽培技術が確立している品種を選ぶ傾向があります。こういった事情から、日本の茶園の品種は「やぶきた」に集中していったのです。

　現在、茶園の多くは樹齢40年以上の樹を抱え、植え替えの時期を迎えています。これからは、時代のニーズに合わせて品種の多様化が図られていくものと思われます。

チャはどのように育つ？

「夏も近づく八十八夜」（「茶摘み」の歌）は立春から数えて 88 日目の 5 月 2 日か 1 日（閏年など）のこと。茶摘みをはじめ、茶園では年間どのような作業をしているのでしょうか？

🌱 チャの生育と茶園管理スケジュール

　茶園管理の年間スケジュールは、チャの生育周期に従って行われます。

　春になり暖かい日が続くと、チャは長い「休眠」から覚め、新芽の「萌芽」が始まります。早生種は3月中頃から、中生種は4月初旬に萌芽が始まり、およそ2週間後に新葉が開き、以後、5日に1葉程度ずつ開葉していきます。新葉が4 ～ 5枚開いた時から新芽を摘み採る時期がスタートし、だいたい9月頃までに3 ～ 4 回くらいの摘採が行われます。

　春、その年の最初に出てきた新芽を摘採してからしばらく時期をおくと、残った葉の付け根にある「側芽」が新芽となって葉が展開し、またそれを摘み採ります。これを2 ～ 3回繰り返し、順番に「一番茶」、「二番茶」、「三番茶」と呼びます。茶園によっては「四番茶」まで摘み採りをする場合もあります。

　一番茶の時期は気温が高くないので、摘採できる期間が最も長く、高品質で収量も多くなります。そのため、一番茶の時期がお茶農家の繁忙期です。一番茶摘採からおよそ50日で二番茶を、二番茶の後は気温が高くなるので、30 ～ 40日で三番茶を摘み採ることができます。

　チャは秋になって気温が18℃以下になると、生育が落ちてきます。この頃、翌年の一番茶を収穫する時に古葉などが入らないように、茶株の刈り面を整える「整枝」を行います。多くの産地では整枝は秋に行いますが、寒さの被害を受けやすい山間地などでは翌年の春に整枝をすることがあります。その際に刈り取った硬い葉や茎を製茶したものを、秋冬番茶や春番茶といいます。

　その後、初冬期になるとチャは翌春まで「休眠」に入ります。

チャ栽培の年間スケジュール例

月	旬	茶樹の生育	管理作業
1			
2	下		春肥（1回目）
3	上	発根	春整枝
	中		春肥（2回目）　病害虫防除
	下		防霜
4	上	一番茶萌芽期	春肥（3回目/芽出し肥）
	中	一番茶生育期	
	下	〃	
5	上	一番茶摘採期	一番茶の摘採
	中		夏肥（1回目）　整枝
	下		病害虫防除
6	上	二番茶萌芽期	
	中	二番茶生育期	病害虫防除
	下	二番茶摘採期	二番茶摘採
7	上		夏肥（2回目）　病害虫防除
	中	三番茶萌芽期	
	下	三番茶生育期	病害虫防除
8	上	三番茶摘採期	三番茶摘採　土壌改良
	中	冬芽形成	
	下	発根始め	秋肥（1回目）　深耕
9	上		病害虫防除
	中		秋肥（2回目）
	下		
10	上		秋整枝
	中	発根盛期	
11	下		病害虫防除
12	上	冬芽休眠入り	敷き草
	中		

🌱 チャの繁殖方法

　現在、チャは挿し木によって繁殖させています。従って茶園には挿し木で繁殖した苗を植えて育てています。

　昔は種子を蒔いて繁殖させていましたが、チャは自家不和合性（他品種のチャの花粉でなければ受精しにくい）であるため、できた種子は遺伝的に雑種となり、発芽した茶樹は株ごとに形質が異なり、品質が安定しないという問題がありました。そこで明治期以降、繁殖方法がいろいろと試されましたが、昭和に入って挿し木法が実用化し、形質が安定した苗が作られるようになり、茶園の品種化が進みました。

　種を蒔く方法は、現在でもまれに山間地など立地条件が厳しい茶園で行われることがあります。種子から育ったチャの根は挿し木苗に比べて深く伸び、干害や寒害に対する抵抗力が強い可能性が高いからです。

　チャの苗を植えつけてから葉を摘み採ることができるようになるまでには4年ほどかかり、収量が安定するまでには7 ～ 10年かかります。収益性からみたチャの木の寿命は30 ～ 50年くらいといわれています。

挿し穂の調整

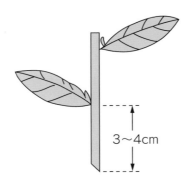

3～4cm

チャの花と実の利用法

　チャは挿し木で繁殖させるので、種子を実らせる必要はありません。また、花が着くのは樹が弱っている証拠だとされ、昔から花が着かないように栽培管理してきました。このように栽培上は好ましくないとされる花や果実ですが、意外なところで活躍しています。

　チャは一般に白い花を着けますが、べにばな種と呼ばれる観賞用の品種は薄い紅色の花を着けます。9月下旬頃から11月くらいに開花の時期を迎え、ツバキに似た5弁の美しい花を着けます。他に観賞用として、チャとツバキを掛け合わせた「チャツバキ」やサザンカと掛け合わせた「サザンチャ」などもあります。

　チャの果実にはたいてい3個の種子が入っています。熟してくると表皮がはじけて種子が顔を出し、放っておくと乾燥して自然落下します。

　種子には重量の20%程度の油分が含まれ、その油分には血中コレステロール値や中性脂肪値を下げる作用があるオレイン酸やリノール酸の他、βカロテンやビタミンEなども含有します。中国では古くから食用油として珍重されています。

　これまでオリーブや椿などに比べて搾油率が低いのがネックになっていましたが、最近は搾油技術が向上し、茶の実油も製品化され、ドレッシングや化粧用オイル、シャンプーなども出回っています。

チャの花

サザンカの花

チャの樹

サザンカの樹

葉を摘み採る方法は？

チャの葉を摘み採る時期や方法によって、お茶の品質は変わります。
そんな大事な「摘採」を、手摘みから機械摘みまで見てみましょう。

✿ 摘採方法のいろいろ

　チャの葉を摘み採ることを、「摘採」といいます。摘採は、スピードと丁寧
さが求められる重要な仕事です。そんな摘採のいろいろな方法を見てみましょ
う。

1　手摘み

　大正初期までは手摘みが主流でしたが、現在は機械摘み
が主流です。ただし、現在も一番茶の初期に上質茶を作る
ために手で摘みます。また、玉露や碾茶のような自然仕立
ての茶園では手摘みで行われます。生葉の品質は手摘みし
たものが最高ですが、最も手間のかかる摘み方です。

2　手鋏（てばさみ）

　手に持った鋏で摘採する方法。手摘みより10倍
くらい効率が上がりますが、手鋏による摘採は熟練
を要します。機械を使いにくい急傾斜地や小規模茶
園では今でも使われています。

3　1人用動力小型摘採機

　昭和30年代（1955年〜）から導入されるよう
になった1人用の摘採機。手鋏より1.8倍ほど効率

が上がるものの、1人作業で効率が悪く、さらに機械が重くて重労働になるため、2人用の可搬型摘採機に移り、現在では普及していません。

4　2人用可搬型摘採機

　昭和40年代（1965年〜）に実用化し、傾斜地や小規模茶園で普及している摘採機。茶畝を挟んで2人で機械を持ち、畝間を歩きながら摘採します。効率は手鋏の数倍上がります。

5　乗用型摘採機

　乗用式の摘採機。高価ですが、労働負担が軽く、効率が良いので、平坦で規模が大きい茶園で導入されています。その後、小型の乗用型摘採機が開発され、小規模な茶園でも導入が進んでいます。

6　レール走行式摘採機

　畝間にレールを設置し、自走式の台車に摘採機を付けて摘採します。高さを細かく設定できるため、品質の良い手摘みに近い摘採ができます。

カワサキ機工提供(3〜6の写真)

茶の仕立て方

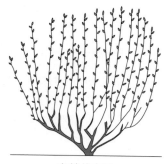

自然仕立て

畝仕立て

摘採時期の判断方法

チャの摘採時期はどのように決めているのでしょうか?

それは生葉の品質と収量に関係します。品質がピークを迎えている時は、まだ収量が少なすぎます。収量が多く、かつ品質も下がりすぎないタイミングで摘採するのがベストです。ベストなタイミングの判定には、古くから「出開き度」が用いられています。新芽には、葉の基となるものが5〜6枚巻き込まれていて生長と共に開いていきます。この最後の葉を「止め葉」と呼び、これが開いた時を「出開いた」といいます。一定面積内の全新芽数のうち、出開いた新芽の割合を出開き度といいます。摘採の適期は出開き度50〜80%、早摘みする場合は出開き度30〜50%がベストです。90%を超えると、先に開いた葉が硬くなり、品質が低下してしまいます。一番茶では摘採に適した期間は5〜7日間くらい続きます。

出開きと摘採部分

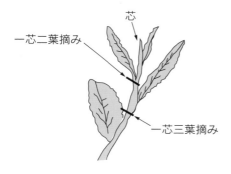

芯

一芯二葉摘み

一芯三葉摘み

その他に、手触りや開いた葉の数、葉の色などによっても判断します。

葉が4〜5枚開いた頃に、上の方の「一芯二葉」もしくは「一芯三葉」だけを手で摘むのが、極上のお茶の摘み方といわれています。柔らかい葉だけを摘むのはとても手間のかかる作業なので、そのお茶はかなりぜいたくなお茶といえます。

摘採時期による品質の違い

お茶の品質は摘採する時期によって差が出ます。若く柔らかいうちに摘んだ新芽と、大きく生長してから摘んだ新芽では成分に違いがあるからです。

チャの葉は生長するに伴って、カテキン類やカフェイン、アミノ酸類の含有率が減少し、食物繊維と糖類が増加します。繊維成分が増えるということは葉が硬くなるということなので、製茶工程で葉の組織が壊れにくくなり、成分が湯に溶け出しにくいことにつながります。つまり、生長してしまったチャの葉は味成分が減少し、またお茶を淹れた時に成分が溶け出しにくいため、若い葉よりも味が落ちるのです。

お茶には「みるい」という言葉がよく使われます。「みるい」は静岡県浜松地方の方言で「幼くて弱くて柔らかい」ことを表現し、「みる芽」は「みるい芽」のことで、今では全国で使われるお茶用語になっています。「みる芽」の反対語が「硬葉」です。最近では、一番茶はもちろん、二番茶でも、良いお茶を作るために「みる芽摘み」が推奨されています。良いお茶作りのためには、葉中の味成分の含有量と共に、葉の硬さにも注意が払われているのです。

また一般に、一番茶は二・三番茶よりおいしいといわれますが、一番茶は二・三番茶に比べてアミノ酸類が多く、タンニン（カテキン類）は2～3割ほど少ないので、うま味が強く、苦味や渋味が穏やかになります。一番茶が長い休眠状態を経て萌芽するのに対し、二・三番茶は摘採までの生育期間が短いため、アミノ酸類の含有率が高まりません。また、二・三番茶は日照時間が長い時期に生育するので、光の作用により作られるタンニン（カテキン類）が多くなります。

摘採時期による成分の違い

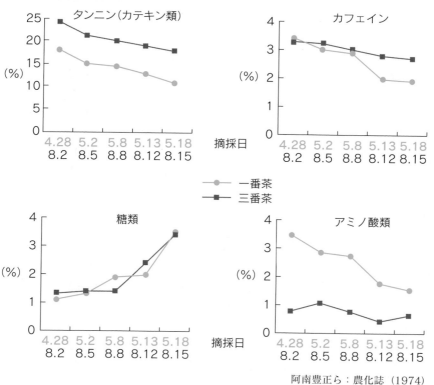

阿南豊正ら：農化誌（1974）

チャの樹を刈るのは
なぜ？

茶園では樹が見事に刈り揃えてありますが、一体、何のためなのでしょうか？その樹を刈る作業である整枝と剪枝について解説しましょう。

🍃 整枝と剪枝

茶樹の表面を刈る作業には、2つの目的があります。1つは「整枝」で、茶株面をきれいに揃える作業、もう1つは「剪枝」または「更新」で、樹の高さを低く切り下げる作業です。

整枝の目的は新芽が一斉に伸びるようにし、新芽の摘採の時に古い葉や茎を一緒に刈ってしまうのを防ぐためです。茶樹の生育が止まる10月頃に行う「秋整枝」と、茶樹が活動を始める前の3月頃に行う「春整枝」があります。また、一番茶や二番茶を摘採した後、遅れて出てきた芽で茶株面が不揃いになった時にも行います。

剪枝は、茶樹を思い切って短く刈ることです。茶園の生葉収量は、1芽当たりの重量（新芽重）と面積当たりの新芽の数、栽培面積、茶園の摘採面積率によって決まりますが、何年も摘採を繰り返した樹は枝の数は増えるものの、新芽や枝は痩せて茶の品質も低下します。

剪枝をすることによって一時的に新芽の数は減りますが、新芽は太くなり、茶の品質が良くなります。また、樹が高くなりすぎると摘採作業に支障が出るため、枝を刈り落とすことで低い位置に保つという目的もあります。剪枝の時期は、一般には一番茶を摘採した後が最も良いとされます。刈り落とす深さによって、浅刈り、深刈り、中切り、台切りという方法があり、樹の形や茶園の状況を見て行います。

ちなみに、樹の仕立て方には、まんじゅう型、半円型、弧状型、水平型がありますが、摘採方法に合わせて選びます。その他に枝を自然に伸ばした「自然仕立て」（83頁参照）という方法もあり、主に玉露や碾茶の茶園で採用されています。

仕立て後の樹形（イメージ図）

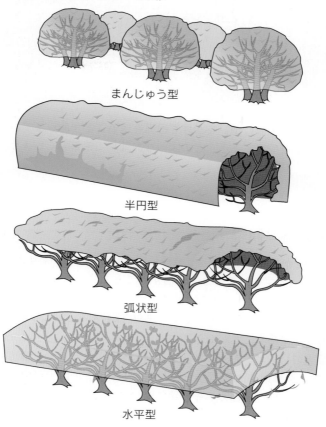

まんじゅう型

半円型

弧状型

水平型

剪枝による更新

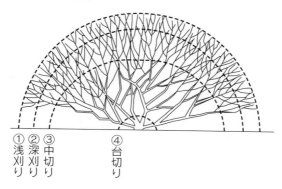

①浅刈り ②深刈り ③中切り ④台切り

チャの樹に覆いを
かけるのはなぜ？

茶園ではチャの畝に覆いをかけて日光を遮ることがあります。
覆いをかぶせて育てると、どのようなお茶ができるのでしょうか？

🌱 被覆栽培の効果

　茶樹に覆いをかける栽培方法を「被覆栽培」といいます。被覆栽培の目的は、日光を遮る（遮光する）ことと、保温することです。遮光すると光合成が抑えられるので、新芽が生長して硬葉になるのを遅らせることができ、これにより摘採期間を長くすることができます。また、保温することによって霜を防ぎ、かつ摘採時期を早めることができます。

　被覆の最大の目的は、お茶の品質を高めることにあります。遮光することにより、葉のアミノ酸類、特にうま味に関係するテアニンの減少が抑えられます。テアニンは日光を浴びるとカテキン類に変化する性質があるため、遮光するとこうした変化が抑えられ、苦味・渋味成分のタンニン（カテキン類）が露天栽培に比べて少なくなります。一方で、さっぱりした苦味を演出するといわれるカフェインは、遮光することで減少が抑えられます。
以上のことから、被覆栽培のお茶は露天栽培のお茶に比べて、うま味や甘味が強くなり、苦味や渋味が軽くなります。

　また、被覆すると「覆い香」といわれる青海苔のような香りがつくと共に、わずかな光を有効活用するためにクロロフィルが増えるので葉の緑色が濃くなります。玉露の濃厚な滋味や独特の覆い香、美しい濃緑色は、被覆栽培による賜物なのです。

被覆による成分変化

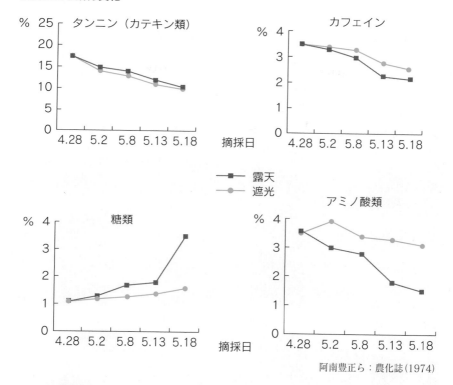

阿南豊正ら：農化誌(1974)

🌱 被覆でできるお茶の種類

　被覆して栽培するお茶には、「玉露」と「碾茶」、そして「かぶせ茶」があります。玉露は日本茶の最高峰であり、碾茶は抹茶の原料となるお茶です。いずれも鮮やかな緑色と濃厚な滋味と香りが命の上級茶です。一方、かぶせ茶は簡易的な被覆を施すことで、煎茶に玉露のような特徴を持たせたもので、摘採前に7日程度被覆します（公益社団法人日本茶業中央会「緑茶の表示基準」より）。

　煎茶用の茶園では、茶樹は自然光を浴びたまま育つのに対し、玉露と碾茶は茶園全体に棚を作って被覆し、遮光した中で葉を開かせます。

　まず、新芽が1〜2枚開き始めた頃から、遮光率55〜60％で覆いを掛けます。さらに7〜10日後、強力な覆いをして遮光率を95〜98％にします。被覆を始めて20日後くらいが、摘採にちょうど良い時期となります。

覆いに使う材料には、伝統的なよしずや藁、こも、黒色の寒冷紗があります。

かぶせ茶の被覆の場合は、遮光率が低い覆いを短い期間だけ使ったり、棚ではなく茶樹の上に直接被覆したりして、お茶の品質向上を狙うと共に摘採時期を調節します。

以上のように被覆栽培を行うと、水分が多く繊維成分が少ない柔らかい葉になります。

被覆資材と被覆方法

よしず棚掛け（よしずを閉めたところ）　　　よしず棚掛け（よしずを開けたところ）

こもによる側面遮光　　　　こも直掛け

寒冷紗直掛け　　　　寒冷紗棚掛け

（京都府立茶業研究所　提供）

肥料の役割は？

茶園に使われているのは、どのような種類の肥料でしょうか？ チャにとって重要な施肥について紹介します。

🌱 施肥と肥料の種類

　施肥とは、品質の高い農作物を多く収穫するために、必要な養分（肥料）を施すことです。チッソ（N）・リン酸（P）・カリウム（K）の3要素は、肥料の三大要素と言われ、施肥の中心になる成分です。

　チャを栽培する目的は新芽を収穫することにあり、年に数回、新芽を摘採します。その際に多くの成分が茶園から持ち出されるため、それを補う施肥は必要です。3要素以外にもカルシウムやマグネシウム、アルミニウム、イオウもチャにとって重要で、極微量ながら鉄やマンガン、亜鉛なども必要な要素です。

　肥料には、「有機質肥料」と「無機質肥料」があります。有機質肥料には菜種粕、大豆粕などの「植物質肥料」と魚粕や骨粉などの「動物質肥料」があります。有機質肥料を施したお茶は、無機質肥料のみを施したものに比べて品質が良いとされ、チャには他の作物よりも有機質肥料が多く使われています。

　無機質肥料は植物の生育に欠かせない成分の濃度を高めて作った化学肥料で、チッソ質肥料やリン酸質肥料、カリ質肥料など肥料成分単体の「単肥」と、これら単肥の成分を複合化した「化成肥料」があります。

　茶園ではこれらの有機質肥料と無機質肥料をそれぞれ単独に、あるいは両方を配合して互いの長所を活かした「配合肥料」が使われています。

🌱 三大要素の働き

　チッソは光合成を行う葉緑素（クロロフィル）に含まれている元素で、植物の生育に不可欠な成分です。また、テアニンやグルタミン酸などのアミノ酸を構成する成分であり、お茶のうま味を保つのに一番重要な成分です。チッソが

足りないとお茶の品質が低下し、またチャの樹勢は目立って衰弱し、葉の緑色が薄くなり、芽の伸びが悪くなって収量も落ちてしまいます。

リンはリン酸の形で、すべての生物の生命の源である核酸（DNAやRNA）に含まれていて、遺伝やタンパク質の合成に関わる成分です。また、植物が光合成で得た太陽光エネルギーを蓄える化合物（ATP）に含まれ、体内のエネルギー代謝にも欠かすことができない重要な成分で、生命活動の要の役割を果たしている成分です。

カリウムは、でんぷんやタンパク質の生合成に不可欠な糖類やアミノ酸が円滑に作られるように、触媒の役割を果たしたり、根が養分を吸収する時にも働いたりする、縁の下の力持ちの役割を果たしている成分です。

🌱 施肥する肥料の量はどうやって決めるか？

茶園には肥料をどのくらい施したら良いでしょうか。それを知るには、収穫した生葉に含まれる各種成分の量を測定し、それに各成分の吸収利用率を考慮して決定します。

一般に、生葉100kgにはチッソ（N）0.75 〜 1.50kg、リン酸（P_2O_5）0.20 〜 0.30kg、カリ（K_2O）0.50 〜 0.75kgが含まれています。各成分の吸収利用率はそれぞれ50%、20%、40%になります。このことから、生葉を100kg収穫した時には、およそチッソ3.0kg、リン酸1.0kg、カリ1.5kgを施肥する必要があります。

10a当たり生葉を年間1800kg収穫する場合は、チッソは10a当たり3×（1800/100）＝54kg、同様にリン酸は18kg、カリは27kgが必要になります。

最近は「環境にやさしい」施肥が叫ばれていますが、ただ施肥量を減らすだけでは、良いお茶作りにはつながりません。吸収利用率を高めるなどの対策が肝要です。

🌱 適切な肥料の量と施肥の時期

多くの茶園では1年間に計7回、春・夏・秋に分けて肥料を施します。それぞれ春肥・夏肥・秋肥と呼び、施用する成分量を変えています。

春肥は一番茶が萌芽する前に2回、新芽が出始める頃に1回の計3回施肥します。このうち、3回目を「芽出し肥」といい、速効性のある「硫安」などのチッソ質肥料を施肥します。夏肥は一番茶と二番茶を摘採した後に2回、秋肥は8

月下旬から9月下旬にかけて2回施します。

　年間施肥量のうち、チッソは春肥と秋肥に30％ずつで夏肥に40％、リン酸・カリは春肥と秋肥で50％ずつ使うのが基本です。

　地域や栽培品種によって異なりますが、一般的には10a当たりチッソ50〜60kg、リン酸10kg、カリ30kg程度を施肥します。玉露や碾茶の場合はこれよりもチッソを多く施します。

　施肥する時には根を傷めないように、畝間に少しずつ分けて施します。また、地下水など環境への影響を少なくする配慮も大切です。
施肥時期など茶園の管理作業は79頁の「チャ栽培の年間スケジュール例」を参照してください。

チャにはどんな病気や害虫がある？

チャに限らず、作物の栽培には病気や害虫の防除が付きものです。チャの場合はどのような防除を行うのでしょうか？

🍃 主な病気と害虫

日本の夏は高温多湿のため病害虫にとっては天国で、特に梅雨明け以降は害虫が発生しやすくなります。

チャを襲う病気は数多くあり、侵される部分は新芽・葉・茎・根とそれぞれ異なります。品種によってもかかりやすい病気は異なりますが、主なものに炭疽病・もち病・赤焼け病・輪斑病・新梢枯死症などがあります。

中でも炭疽病はチャの代表的な病害で、特に「やぶきた」がかかりやすいため、ほとんどの茶園で見られます。二番茶以降で新芽が開く時に発病することが多く、炭疽病になると新芽が落葉して樹勢が低下します。翌年の一番茶の収量や品質が低下してしまうこともあるので、その被害は深刻です。

病害を防ぐためには、病気に強い品種を導入することが基本ですが、耐病性と収量、さらに品質の良さを兼ね備えた品種を育成するのはなかなか難しいものです。

炭疽病

　一方、茶園には害虫も多く、日本では106種類いるといわれていますが、このうち防除を必要とするのは十数種類です。

　主なものとしては、樹液を吸って加害する吸汁害虫であるチャノキイロアザミウマやチャノミドリヒメヨコバイ、カンザワハダニの他、新芽や成葉を食べてしまう咀嚼害虫のチャノコカクモンハマキやチャノホソガ、チャハマキ、さらには幹や枝を枯れさせてしまうクワシロカイガラムシなどがいます。

　その多くは新芽や葉に直接害を加えて収量や品質を低下させます。その他にも枝や幹、根に害を加えて樹勢を弱らせるものもいます。

時期ごとの病害虫の発生例

月	旬	病害虫
1		
2	下	赤焼病
3	上	
	中	カンザワハダニ
	下	
4	上	
	中	
	下	
5	上	
	中	
	下	チャハマキ、カンザワハダニ、クワシロカイガラムシ
6	上	チャノミドリヒメヨコバイ
	中	チャノキイロアザミウマ、チャノホソガ、もち病
	下	
7	上	輪斑病、チャハマキ
	中	チャノコカクモンハマキ
	下	チャノキイロアザミウマ、炭疽病、チャノミドリヒメヨコバイ
8	上	
	中	
	下	
9	上	チャハマキ、チャノコカクモンハマキ、炭疽病
	中	
	下	
10	上	
	中	
11	下	カンザワハダニ
12	上	
	中	

🌱 安全な農薬使用について

　病害虫を防ぐために、チャの栽培では必要最小限の農薬が使われています。農薬には殺菌剤や殺虫剤、除草剤などがあり、このうち殺菌剤には病気の予防が主体の保護剤と治療効果のある治療剤があります。

　農薬の使用は農薬取締法や食品衛生法、水質汚濁防止法などの法令により、使用時期や使用方法、残留濃度などが厳しく制限されています。食品中の農薬の残留基準値については、食品衛生法によって「一生、毎日食べても健康に影響がないと考えられる量」と定められています。お茶の場合は、さらに製品に対する残臭期間が加えられ、厳しく使用基準が定められています。

　なお、一番茶の時期は気温が低くて害虫の発生が少ないため、防除をしないのが一般的です。

🌱 有機栽培茶

　食品の安全性への関心が高まるなか、有機栽培の作物が注目されています。お茶にも有機栽培されたものがあり、有機JAS制度によって一定基準をクリアした製品が「有機栽培茶」の認証を受けています。

　有機栽培茶とは、「3年以上、化学的に合成された農薬、肥料及び土壌改良資材を使用しない栽培方法で、しかも慣行栽培圃場から肥料の流入や農薬の飛散が無い茶園で生産された生葉であること、また、製造や包装の工程で有機農産物でないものと混合しないこと」とされています。

　有機栽培の認証を受けたお茶は、製品に「有機栽培茶」「有機茶」「オーガニック茶」などと表示することができます。なお、3年未満1年以上の場合は転換期間中とされ、「転換期間中有機栽培茶」と呼びます。

　また、農薬などを減らした作物については、近年、農林水産省によって「特別栽培農産物に係る表示ガイドライン」が作られて、無農薬・減農薬などは表示できなくなりました。お茶の場合は、「特別栽培茶」と表示します。

有機栽培茶の表示ラベル例

名　　称	有機煎茶
原材料名	有機緑茶（○○県）
内 容 量	100g
賞味期限	枠外右下部に記載
保存方法	高温・多湿を避け移り香にご注意ください。
製造者	○○製茶㈱　○○県○○市　TEL○○○-○○○-○○○○

有機JASマーク

茶園を襲う
気象災害とは？

屋外での栽培が基本となるチャは、気象災害の被害を受けることが
よくあります。特に深刻なのは「凍霜害」です。どのように対策を行っ
ているのでしょうか？

🌱 気象災害と発生する条件

　茶園における気象災害には寒害・凍霜害・干害・雪害・潮風害などがありま
す。干害とは雨が降らないことによる水不足、雪害とは茶樹に積もった雪の重
さで枝が折れたりすること、潮風害とは台風通過後などに強い潮風が吹き続く
ことによって葉が傷んだり、塩害が発生したりすることで、主に九州や東海地
方の沿岸部で発生します。また、寒害は20年ほど前までは多発していましたが、
近年は温暖化により干害の方が頻繁に起こるようになっています。

　これらの気象災害のうち、チャにとって最も深刻なのは凍霜害です。凍霜害
とは一番茶を摘採する直前に新芽を襲う低温障害で、寒冷な高気圧が日本列島
を通過する時に発生しやすくなります。凍霜害は茶芽の温度がマイナス2℃以
下になると発生し、新芽が枯死します。茶株面（茶株の上面）の温度は、1.25
〜2.0mの高さで測定されるいわゆる「気温」より3〜5℃低く、さらに茶芽
の温度は株面より2℃も低くなります。ですから、夜間の最低気温が3〜5℃
以下になると、翌朝は凍霜害に遭う危険が極めて高くなります。しかし夜間に
風がある場合は被害が少なくなります。

　春先には大陸の寒冷な高気圧が移動性となり、3〜4日に一度は日本列島を
通過します。凍霜害が発生しやすいのはこの時で、夜間によく晴れて雲がなく、
風が弱くて夕方の湿度が比較的低い時は要注意です。「八十八夜の別れ霜」と
いわれるように、八十八夜（5月1日か2日）が近づく4月下旬に摘採直前の一
番茶が被害を受けることがありますが、八十八夜をすぎるとやっと安心できる
ようになります。

🌱 凍霜害の対策

　凍霜害を防ぐ方法には、茶樹を被覆する被覆法、大型の扇風機で風を起こす送風法、茶樹に水をまく散水氷結法があります。煙霧法や燃焼法という方法もありましたが、現在ではほとんど使われていません。

　このうち、最も普及しているのは「送風法」です。昭和46（1971）年、みかん園などで実用化されていた「防霜ファン」が茶園用に改良されて開発されました。特に静岡県では、昭和54（1979）年の大凍霜害をきっかけに広く普及するようになりました。

　防霜ファンで上層の暖かい空気を吹き降ろすことによって、茶株面付近にできた冷たい空気の層を攪拌し、温度を上げます。茶株面の温度を計測して自動的に運転・停止するように工夫されているため、極めて省力で経済的です。

　防霜に最も効果がある散水氷結法は、葉を氷で包んで0℃以下にならないようにする方法です。しかしこの方法は、大量の水の確保や茶園の水はけなど課題が大きく、あまり普及していません。

送風法

散水氷結法

防霜対策実施面積（令和2年度）

凍霜害対策法	実施面積
被　覆　法	886ha
送　風　法	21,744ha
散水凍結法	2,610ha

（令和2年度農林水産省生産局地域対策官資料より）

第5章
お茶ができるまで

お茶はどのように作られる？

お茶はどのように作られるのでしょうか？チャの新芽からおいしく飲めるようになるまでの、お茶の作り方について学びましょう。

🍃 手揉みで作るお茶

　昔のお茶作りは手で行われていました。ここでは、お茶作りの基本である手揉み製茶法の工程を紹介します。

1　蒸熱（蒸し）・・・蒸気の熱で摘み取った生葉の酵素の働きを止める

　蒸籠（せいろ）に生葉を入れ、甑（こしき）*1 の上に置いて蒸します。蒸気から青臭い匂いがなくなれば、葉を取り出して冷やします。手揉みを始めるため、蒸した葉を焙炉（ほいろ）*2 の上の助炭（じょたん）*3 に移します。

* ＊1 甑　　生葉を蒸すための水蒸気発生装置。
* ＊2 焙炉　手揉を行うための台。内部に炭かガスで火をおこし、助炭を熱する。
* ＊3 助炭　木製の枠に丈夫な和紙を張ったもので、焙炉の上に載せ、その上で葉を揉みながら乾燥する。

『製茶図帖』より（ふじのくに茶の都ミュージアム所蔵）

2　葉振るい（露切り）・・・葉の水分を均一に蒸発させる

　水分を飛ばすために、葉を両手で持ち上げて助炭の上に振るい落とします。重量が3割ほど減るまで繰り返します。（20〜30分）

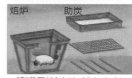

3　回転揉み・・・葉の水分を揉み出しながら、熱で水分を蒸発させる

　両手で茶を左右に大きく転がしながら揉みます。茶をひとまとめにし、体重をかけて前後左右にゆっくり回転させます。（40〜50分）

4 玉解き・中上げ・・・回転揉みでできた茶の塊を解す

　回転揉みでできた塊のままでは、この後の工程で茶を乾かすことができません。茶を助炭から取り出して、籠に広げて冷ましながら、茶の塊を丁寧に解します。この間に助炭の茶渋をきれいに掃除します。

5 揉み切り（中揉み）・・・茶をよりながら乾かす

　助炭に茶をもどし、仕上げ揉みの第一段階の操作を行います。助炭に広がった茶を両手で挟んで拾い上げて、両手を浮かした状態で前後にこすり合わせるように動かし、茶をよりながら乾かします。（60分）

6 転繰揉み・・・茶の形状を針状に伸ばす

　助炭中央に茶を集めて伸びた茶の向きを揃え、両手で茶を包み込むように上下にはさんで、押し手と受け手で茶と茶を回転させながらこすり合わせ、助炭にもどします。左右の手を入れ替えるように繰り返し、茶を針状に伸ばします。（30分）

7 こくり・・・茶の形を整え、光沢を出す

　茶の向きを揃えて、両手で強く握りしめ、左右の手を交互に屈伸して回転を与えながら強く揉みます。茶の形が整い光沢が出てきたら完成です。（90分）

8 乾燥・・・貯蔵できる水分まで乾かす

　60℃くらいの温度の助炭の上に茶を薄く広げて乾かします。

✿ いろいろある殺青方法 ────────

　チャの葉は摘み採られた後も、しばらくの間は生きていて呼吸を続けますが、呼吸によって酸素が取り込まれ、生葉に含まれる成分が変化します。緑茶を作るには、この成分の変化は品質を悪くするため、熱を加えて生葉に含まれる酵素の働きを止めます。このように、熱によって酵素の働きを止めることを「殺青」と呼びます。生葉を殺青する方法としては、「焼く」「炒る」「煮る」「蒸す」などがありますが、現在の日本の緑茶は「蒸し製」がほとんどで、一部で「釜炒り製」も作られています。

1　焼く

　チャの葉を枝ごと刈り取って焚き火で炙り、葉を湯で煮出して飲むもので、「焼き茶」と呼ばれます。製品化されているものではなく、簡便な自家消費用のお茶です。かつては林業者が山仕事の合間に作って飲んでいました。

2　炒る

　「焼き葉」では茶の一部が燃えてしまったり、焚き火の煙の香りが付いたりします。そこで鉄製の釜で生葉を炒って殺青するようになりました。「釜炒り茶」と呼ばれ、中国の緑茶はこの釜で炒る方法が主流です。日本では、九州地方を中心に作られていますが、「蒸し」にはない釜で炒った「釜香」といわれる独特の香りがあります。

3　煮る

　お湯で煮たり茹でたりして、生葉に均一に熱を伝える作り方です。今でも山茶のある地域で自家消費用の番茶として作られています。岡山県の美作番茶もその一つで、夏の暑い時期の生長した葉を鉄鍋で時間をかけて煮て、天日で乾かします。

4　蒸す

　蒸気を使うことによって短時間で均一に殺青することができ、緑茶の新鮮な香りを残しつつ、鮮やかな緑色の緑茶に仕上がります。日本の緑茶のほとんどが蒸し製で、普通煎茶は蒸熱時間が30〜40秒間、深蒸し煎茶は60〜120秒間です。

生葉は生きている

　お茶の品質は原料である生葉で決まります。お茶になる前の生葉を扱う時に注意することは何でしょうか？

　摘み採られる前まで生葉は茶樹の一部として生きていて、摘み採られた後も呼吸は続けています。この呼吸によって生葉に含まれる成分が変化していくため、生葉の品質は徐々に低下します。そのため、速やかに加工することが最も大切です。

　荒茶製造工場では、持ち込まれる生葉が製造ラインに入るまでの順番待ちをする間に、一時的に「生葉コンテナ」で保管されています。その時に生葉の品質を保つために気を付けることは、次の4点です。

1　葉に傷をつけない

　摘み採った葉に傷を付けると生葉の成分変化が早くなります。しばらく放置しておくと、生葉に含まれる酸化酵素が空気中の酸素に触れて活性化され、生葉を酸化するので、傷口の色が赤く変化します。酸化が進むとお茶の香りが変化したり、水色（淹れた茶の浸出液の色）が赤くなったりするため、緑茶の品質を下げることにつながります。摘み採る時や運ぶ時には、傷を付けないように丁寧に扱うことが大切です。

2　生葉の熱を下げる

　生葉は呼吸によって熱を発生します。生葉を積み上げておくと、12時間後には中心部が10〜15℃上昇するという報告があります。温度が10℃上がると呼吸量は2倍になり、生葉の酸化も早くなります。保管する時は、周りの温度が高くならないようにすること、生葉を積み上げずに熱を逃がすことなど、生葉の熱を下げるように心掛けます。

3　湿度を高く保つ

　生葉が水分を失って萎れると、香りが変化して緑茶としての品質が悪くなります。加湿器を使ったりして室内の湿度を高く保ち、生葉を萎れさせないように保管します。

4　生葉の保管時間を短くする

　生葉は摘み採った日のうちに加工することが理想です。生葉の温度を下げ、湿度を高く保って保管しても、せいぜい20時間程度が限界です。品質の良い緑茶を作るには、この保管時間を短くすることが大切です。茶園から摘み採った生葉はどんどん変化します。適切な方法で生葉を保管するのはもちろんですが、できるだけ早く殺青し、乾かします。

　水分が少ない「荒茶」にまで加工すれば、嵩も小さくなり、低温下で長く貯蔵できます。

煎茶や玉露は
どのように作られるか？

今では、お茶は機械によって作られることがほとんどです。その機械は手揉みの動作を手本に発明され、そのおかげで良質のお茶を大量に作ることができるようになりました。まずは「煎茶」の作り方から見てみましょう。

荒茶の製造工程

🌱 機械で「煎茶」を作る

　茶の製造は「荒茶」までの加工と、その後の「仕上げ茶」までの加工に分かれます。茶園の近くにある荒茶製造工場で荒茶に加工し、それを農協や仕上げ加工業者が仕入れて、いつも皆さんが飲んでいるお茶に仕上げます。ここでは、手揉み製茶法の各工程に照らし合わせて、普通煎茶の荒茶製造の工程を紹介しましょう。

　高級茶として知られる「玉露」は、新芽が伸び始めた頃から日光を遮って育てた新芽を使って茶を製造しますが、製造工程は「煎茶」と同じです。

　※各工程は、機械製造工程に対応する手揉みの工程名を表しています。

【荒茶製造工程】

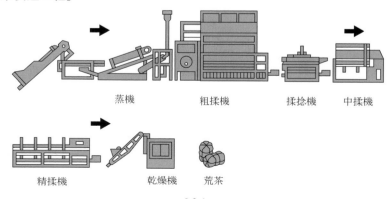

蒸機　　　　　粗揉機　　　　　揉捻機　　中揉機

精揉機　　　　乾燥機　　荒茶

1 蒸熱：蒸し

蒸熱の工程は生葉を蒸して酸化酵素の働きを止め、生葉に含まれる青臭さや悪臭を除去し、葉を柔らかくして、その後の揉み作業を容易にするための工程です。蒸す時間は生葉の硬さによって異なりますが、標準的な煎茶の場合は30〜40秒です。

2 粗揉：葉振るい

蒸した葉を熱風の中で攪拌しながら揉み、水分を均一に飛ばす工程です。粗揉機の内部には「揉み手」と「葉ざらい」を交互に取りつけた回転軸があり、葉を攪拌しながら葉の中の水分を揉み出し、熱風で乾かします。

3 揉捻：回転揉み

熱を加えずに揉む工程です。葉より乾きにくい茎の水分を揉み出し、茶葉全体の水分を均一にします。粗揉工程が終わった茶葉を一塊にして円筒に入れ、蓋をして上から力をかけます。「ひる」と呼ばれる金属の丸棒を放射状に取り付けた台の上で、円筒ごと回転させ、葉の塊を転がしながら揉みます。

4 中揉：揉み切り

粗揉と同じく葉を揉みながら乾かし、葉をよりながら細くする工程です。回転するドラムの中に揉捻後の葉を入れ、回転する「揉み手」で塊を解しながら熱風を当てて乾かします。葉を手で握って放すと、自然に塊が広がってほどけるくらいまで乾かします。

5 精揉：転繰揉み・こくり

針状に形を整えながら乾かす工程です。熱を加えた「だく」と呼ばれる洗濯板のような凹凸のある円弧状の板の上に葉をのせ、振り子のように動く揉圧盤で葉を挟み、徐々に力を加えながら乾かします。煎茶らしく葉が細くよれて針状になります。

6 乾燥

長く貯蔵しても品質が悪くならない程度まで乾かす工程です。精揉の後の葉を乾燥機内に広げて熱風をあて、水分が5％くらいになるまで乾燥したら完成です。

ひる

揉捻機

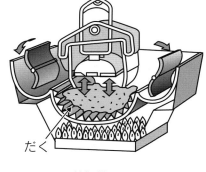

だく

精揉機

生葉水分と製茶歩留まり

摘採した生葉の水分は80％くらいで、茶期や摘採時期、摘採日前の天候によって多くなったり少なくなったりします。若い芽や覆いをしたものはやや水分が多く、葉が硬くなってくると水分は少なくなります。

生葉100kgから荒茶を製造すると、水分が80％くらいなので20kgの荒茶ができあがります。荒茶の重量を生葉の重量で割ったものを「製茶歩留まり」と呼びますが、一番茶では20％くらいですが、秋冬番茶では26％くらいになります。

仕上げの工程の
あらましは？

荒茶ができあがったら、次は仕上げ加工業者による仕上げ加工があります。こうしてようやく皆さんが日常飲んでいるお茶になります。

仕上げ加工の工程

🌱 荒茶を仕上げ加工する

　「荒茶」には、古葉や硬葉（こわば）、木茎（もくけい）、粉などの他、形が大きく揃っていないものなどが含まれています（9頁写真参照）。また、製造時期や荒茶製造工場の違いにより、荒茶の水分にもバラつきがあります。

　そこで、形を均一にしたり熱を加えて水分を減らして貯蔵性を高めたり、香ばしい風味を加えたりします。その他、荒茶は工場によって味や香りの特徴が異なっているため、いくつかの荒茶をブレンドして、いろいろなグレードのお茶に仕上げます。皆さんが飲んでいるお茶になるには、こうした仕上げ加工が欠かせません。上級煎茶を作る基本的な工程を紹介しましょう。

【仕上げ加工工程】

　仕上げ加工の工程は、荒茶の産地や特徴の違い、火入れの機械の種類によって、先に火入れ（先火）（さきび）する場合と後で火入れ（後火）（あとび）する場合があるなど、工程の順序が異なることがあります。基本となる工程は以下のとおりです。

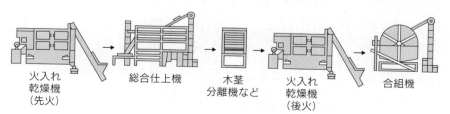

火入れ
乾燥機
（先火）　　→　総合仕上機　→　木茎
分離機など　→　火入れ
乾燥機
（後火）　　→　合組機

1 選別・整形

　水平に往復して動かす平行篩（ふるい）や、水平に旋回させる廻し篩、垂直に上下に動かす振動篩など、さまざまな動きの篩によって「荒茶」から粉や小さな破片を篩分けします。篩の上の大きな葉は小さく切断して形を整え、再び篩に戻されます。これらの作業を一括して1台でできる「総合仕上げ機」も広く使用されています。

　さらに、風力によって茶の軽い部分を選別する唐箕（とうみ）という選別機や静電気による木茎分離機、色によって分離する色彩式木茎分離機などを使って、「本茶」（ほんちゃ）と呼ばれる部分を選別していきます。

2 火入れ・乾燥

　選別されたお茶は形状や大きさが違うため、各部位に分別した後に適切な温度と時間で乾燥火入れをします。この時、一般的には新茶や上級茶は新鮮な香りを残すために低温で、中級茶や番茶などは香ばしさを引き立たせるために高温で火入れします。

　火入れ機の機種には、高温の熱風を使う方式や回転する鉄製のドラムを直火で温める方式、遠赤外線を使う方式などがあり、販売対象地域の消費者の好みに応じて「火入れ香」（火香）（ひか）の強弱が変わってきます。

3 合組（ごうぐみ）

　お茶の味や香りは、品種や荒茶の産地などによってそれぞれ特徴があります。それらを組み合わせることにより品質が良くなります。何種類かのお茶をブレンドすることを「合組」と呼び、仕上げ茶が完成します。

回転式の
ドラム式火入機

連続回転
ドラム式火入機

たな式乾燥機

自動乾燥機

煎茶以外の
お茶の作り方は？

煎茶は日本茶を代表するお茶ですが、その他にも個性豊かなお茶がいろいろとあります。その製造工程を見てみましょう。

深蒸し煎茶の製造法

　深蒸し煎茶は、お茶の製造工程の第一歩である蒸熱時間を長くしたものです。普通煎茶の標準的な蒸熱の時間は30 ～ 40秒ですが、深蒸し煎茶は60 ～ 120秒と2 ～ 3倍ほど長く蒸して作ります。さらに蒸す時間が長いものを「特蒸し茶」といいます。深蒸し煎茶は普通煎茶に比べて、見た目では粉が多くなりますが、香りはおだやかで、味は渋味や苦味が少なく濃厚感があります。

　深蒸し煎茶の製造工程は、おおむね普通煎茶と変わりません。ただ、蒸す時間が長いと葉が柔らかくなり、葉の組織が崩れやすくなるため、細かくなりすぎないように、蒸機は攪拌しながら蒸すタイプの網胴回転攪拌式ではなく、送帯式（ベルトコンベアー式）が使われています。

　長く蒸した葉には蒸し露が多く付くため、蒸し葉に温風を当てて表面の水分を速やかに蒸発させる機械や、粗揉の初期に手揉み工程の「葉振るい」と同じ動作を行う葉打機が使われます。

抹茶（碾茶）の製造法

　抹茶は、碾茶を茶臼等で挽き微粉末状にしたものです。碾茶は、玉露のように新芽が伸び始めた頃から日光を遮って育てた葉を使いますが、製造工程に揉む工程が一切ないことが特徴です。微粉末にしにくい茎などを取り除きやすくするため、葉を揉まずに乾燥させます。そのため、荒茶になるまでの時間は煎茶の約3分の1です。

まず切断された生葉の「切れ葉」を除くため、蒸機に投入する直前に篩にかけた後、蒸気で約20秒間蒸します。蒸す時間を短くすることで、緑色が冴えて「覆い香」が引き立ちます。

　次に蒸し葉は、冷却散茶機と呼ばれる装置に入れられ、5～7mの4連の吹上げ蚊帳（別名あんどん）の中で5mほどの高さまで吹き上げられては自然に落ちるという動きを繰り返すことにより急速に冷やされると共に、蒸し葉の表面の水分が飛ばされて、蒸し葉が重ならずにバラバラになります。

　その後の乾燥には、碾茶炉と呼ばれる3～5段の金網製のベルトコンベアーがある乾燥機が使われます。碾茶炉の一番下には火炉があり、蒸し葉は最初に下段のコンベアーで約150℃以上の温度で荒乾燥され、次に上段、中段の順で炉の中を通過しながら20分間ほど乾燥されます。ただし、碾茶炉で乾燥したものは葉と茎で水分量が大きく違うため、葉と茎は分離し、それぞれを別々に乾燥します。これが碾茶の荒茶になります。

　碾茶の仕上げ工程では、抹茶の品質を低下させる硬い葉や茎などを取り除き、茶臼等で挽きやすい大きさ（5mm程度）に細かくし、低い温度で時間をかけて乾かします。碾茶ではこの仕上げ工程を「仕立て」と呼びます。

　抹茶は、この仕立てられた碾茶を抹茶専用の石臼などで挽いて作ります。温度と湿度を一定に保った室内で、一定の速さで回転する石臼で少しずつ挽きますが、石臼1台の粉砕能力は1時間当たり40～50gほどです。このようにゆっくりと少しずつ挽くことで、石臼からの適度な摩擦熱が茶に伝わり、抹茶らしい風味が引き立ち、色や香りの優れた抹茶になります。

碾茶の製造工程

蒸熱 → 冷却散茶 → 荒乾燥・本乾燥 → 木茎分離 → 煉り乾燥

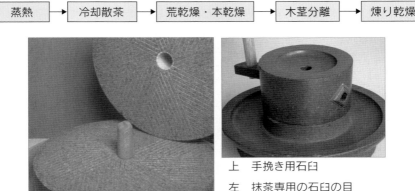

上　手挽き用石臼
左　抹茶専用の石臼の目
（赤松富仁　撮影）

釜炒り製玉緑茶（釜炒り茶）の製造法

　日本の緑茶はほとんどが蒸し製ですが、九州地方の宮崎県や熊本県、佐賀県などでは釜炒り製玉緑茶（釜炒り茶）が作られています。

　釜炒り製玉緑茶の特徴は、生葉を蒸す代わりに炒ることで殺青をすること、また勾玉のように丸みを帯びた形をしていることです。煎茶のように針状に成形しないため、精揉工程がなく、揉む工程が大幅に省かれています。

　生葉を炒る時は約400℃に熱した炒り葉機に生葉を入れ、焦げ付かないように撹拌します。高温の釜で炒ることで青臭さが消え、釜炒り茶特有の「釜香」と呼ばれる良い香りが付きます。

　次に、この炒った葉を揉捻機にかけて葉の水分を均一にします。揉むのはこの工程だけのため、念入りに揉み込んで独特の形状を作ります。

　その後で、釜炒り茶独特の乾燥工程である「水乾」を行います。回転胴式の水乾機に茶を入れ、回転させながら直火にかけるか、熱風を送り込んで乾かします。水乾を繰り返すことで、葉は丸みを帯びた勾玉状になります。

　続いて、回転する胴を直火で炒りながら乾燥させる締炒機を使い、茶の締まりを良くして形を整えます。そして最後は乾燥機で乾かします。玉緑茶の丸く締まった茶には水分が残りやすいため、時間をかけて乾かします。

釜炒り製玉緑茶の製造工程

炒り葉　→　揉捻　→　水乾　→　締め炒り　→　乾燥

平釜による釜炒りの様子（青柳製）

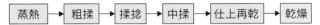
蒸し製玉緑茶の製造法

　蒸し製玉緑茶は、普通煎茶の精揉工程で使用される精揉機の代わりに、回転するドラムの中に葉を拡散するための桟（さん）が取り付けられた「再乾機」が使われます。茶自体の重さによる圧迫と相互の摩擦によって、茶は勾玉状になります。

蒸し製玉緑茶の製造工程

蒸熱 → 粗揉 → 揉捻 → 中揉 → 仕上再乾 → 乾燥

玉緑茶

焙（ほう）じ茶（ちゃ）の製造法

　焙じ茶は、番茶などを褐色になるまで焙煎（ばいせん）したものです。本来は上級でないお茶をおいしく飲むための加工法ですが、最近では上級な煎茶や茎茶を原料としたものもあります。

　製法は、仕上げ加工を終えた茶から焦げやすい粉末分を除き、約200℃に熱した焙じ機で焙煎し、香ばしい香りが生じたらすぐに冷却します。短時間で均一に熱を行き渡らせるため、熱したセラミックの粒と一緒に焙煎する方法もあります。

（つねき茶舗提供）

112

お茶の「出物」とは？

　煎茶を作る工程で生じる「本茶」に使われない部分を、茶業関係者は「出物」と呼んでいます。「茎茶」や「粉茶」が代表ですが、値段が安く、熱湯で淹れられる手軽さが魅力です。日常使いのお茶として、家庭や職場などで人気があります。

　茎茶は「棒茶」とも呼ばれ、煎茶や玉露などの仕上げ加工中に選別される茶の茎の部分を集めたもので、一般に白っぽい外観で、さっぱりとした味です。静電気で茎を取り除く工程で、茎だけでなく、若くて柔らかい新芽の先端部分も一緒に取り除かれます。ここが一番おいしい「芯」ともいわれ、茎茶のうま味を作り出しています。お店で購入する際には、この芯の部分がどの程度混ざっているのか、よく観察して見てください。同じ茎茶でも玉露の茎茶のことを「雁ヶ音」と呼ぶこともあります。

　一方、粉茶は、お茶の加工段階で葉が擦れたり砕けたりして粉状になったものです。若い芽や芯が混ざっているので、良い物にあたると思いのほかおいしい場合があります。粉状なので湯を注ぐとすぐに飲めるため、ティーバッグ用や給茶器用に使われたり、お寿司屋さんで出てくる「あがり」も粉茶が使われています。

発酵茶の作り方は？

緑茶は製造工程の最初でチャの生葉に熱を加えて殺青する「不発酵茶」に分類されますが、この同じ生葉から「発酵茶」の紅茶や「半発酵茶」の烏龍茶も作ることができます。

🌱 発酵茶の製造法（紅茶）

　紅茶は生葉中の酸化酵素を働かせることにより、成分を変化させて製造します。お茶の用語として、これを「発酵」と呼んでいますが、微生物の働きによってお酒や味噌ができるような本来の「醗酵」とは違っています。

　紅茶には葉がそのままの形をしている「リーフ・スタイル」と、細かくカットしている「ブロークン・スタイル」があります。近年では、お湯を注いでから出てくる時間が短く、ティーバッグにも利用しやすいCTC製法*によるものが多く製造されています。

　ここでは、正統的かつ伝統的なリーフ・スタイルの「オーソドックス製法」を紹介しましょう。

　＊ CTC　　Crush（押しつぶす）、Tear（引き裂く）、Curl（巻き丸める）の頭文字。

1　萎凋（いちょう）

　生葉を風通しの良い場所に広げて萎（しお）れさせます。緑茶製造ではすぐに殺青しますが、発酵茶では、まず萎凋することで酸化酵素を働かせ、香りを引き立たせます。一晩以上時間をかけて萎凋させ、生葉の水分を少なくします。

2　揉捻

　萎凋により水分が減って柔らかくなった葉を揉捻します。これにより、葉の組織や細胞が破壊され、酸化酵素が空気に触れやすくなります。

3　玉解き・篩い分け

　揉捻で固まりになった葉を解（ほぐ）して、空気に触れやすくします。その後で篩にかけて、篩を通らない粗い葉は再度揉捻します。

4　発酵

　篩目を通った細かい葉を、約25℃で高湿度を保ったまま30分〜2時間ほど発酵（酸化）させます。

5　乾燥

　高温の熱風で葉に含まれている酸化酵素の働きを一気に止め、貯蔵できる水分まで乾かします。

6　仕上げ

　出来上がった紅茶から茎や粉を取り除き、茶をグレード分け（篩で大きさを何段階にも分ける）します。これらのグレード分けされた紅茶を商社や包装加工業者が仕入れ、ブレンドして販売します。

オーソドックス製法の工程

萎凋 → 揉捻 → 玉解き・篩い分け → 発酵 → 乾燥 → 仕上げ

🌱 半発酵茶の製造法

　半発酵茶はその名のとおり途中まで発酵させた茶です。中国や台湾では発酵の程度によりいろいろな発酵茶が製造されています。台湾では発酵程度が弱い包種茶（ほうしゅ）から発酵程度が強い烏龍茶までありますが、ここでは凍頂烏龍茶（とうちょう）の製造法を紹介しましょう。

1　日干（にっかん）（日光）萎凋

　生葉を布の上に広げ、日光にさらして萎れさせます。均一に萎凋するために、時々攪拌します。

2　室内萎凋・攪拌

　　日干萎凋した茶葉を、さらに室内において萎凋します。茶葉を揺らしながら攪拌して、葉に傷を付けて発酵を進めます。静置と攪拌を繰り返しますが、室内萎凋の時間で発酵程度が決まります。

3　炒葉 (いりは)

　　萎凋した葉を釜で炒り、殺青します。炒ることによって水分が少なくなり、青臭さが消えて果実のような香りがしてきます。

4　揉捻

　　熱を加えず揉捻機で揉んで茶葉全体の水分を均一にし、成分を溶出しやすくします。

5　包揉（団揉）

　　揉捻した茶を再び釜で軽く炒り、木綿の袋や布で包み、大きなボール状に絞り上げ、機械を使って転がすように包揉（団揉）します。そして玉解きをして、再度釜で炒ります。これを10数回繰り返し、半球型の粒状に整形します。

6　乾燥

　　茶の貯蔵性を高めるため乾燥します。粒状の茶なので内部に水分が残りやすいため、時間をかけて乾かします。

凍頂烏龍茶の製造工程

日干萎凋　→　室内萎凋・攪拌　→　炒葉　→　揉捻　→　炒葉　→　包揉（団揉）　→　乾燥

🍃 後発酵茶の製造法

後発酵茶は、生葉を殺青した後にカビやバクテリアなどによって発酵させたお茶です。カビをつけて発酵させる「好気性カビ付け発酵茶」、漬物のようにして発酵させる「嫌気性バクテリア発酵茶」、カビ付けの後に漬物のように発酵させる「2段発酵茶」があります。

好気性カビ付け発酵茶には、中国の「プーアル茶」や富山県の「黒茶」などがあります。

富山県の黒茶は、葉を蒸した後でカビ付け槽に入れます。カビの発生と共に温度が上がるので、カビ付け槽を移し変えて温度を下げる作業を繰り返し行います。20日後くらいに取り出し、天日乾燥します。

嫌気性バクテリア発酵茶には、徳島県の「阿波番茶」などがあります。阿波番茶は生葉を茹でて揉捻し、揉捻後に葉を大きな桶に詰め、葉の茹で汁をかけて空気を遮断します。芭蕉の葉などを使って桶と蓋の間をふさぎ、蓋の上に重石を乗せて発酵させます。10〜14日後に取り出し、広げて天日乾燥します。

2段発酵茶には、高知県の「碁石茶」や愛媛県の「石鎚黒茶」などがあります。碁石茶は、枝ごと蒸した後に枝を外してカビ付け室に積み上げ、7〜10日間カビ付けをします。カビが葉一面に生えるので、それを大樽に詰め、茶の蒸し汁を振りかけて蓋をし、重石を載せます。約2週間後、塊になっているものを取り出し、3〜4cm角に切って天日乾燥します。

カビを付けた茶にはカビ特有の臭いがあります。特に嫌気性バクテリア発酵したものは漬物のような臭いと酸っぱさがあり、個性的な郷土の茶として親しまれています。

高知の碁石茶製造工程

蒸熱 → 堆積（カビ付け） → 漬け込み（嫌気発酵） → 桶出し → 天日乾燥

後発酵茶の分類

後発酵茶	好気性カビ付け発酵茶	富山の黒茶、中国の黒茶（プーアル茶など）
	嫌気性バクテリア発酵茶	阿波番茶、ミアン、ラペ・ソー、竹筒酸茶
	2段発酵茶	碁石茶、石鎚黒茶

お茶と教育

　日本茶の大産地・静岡県内では、県や各市町、茶業団体の全面協力を得て小学生たちが県の特産物であるお茶について勉強しています。日本茶インストラクター協会静岡ブロックに所属する日本茶インストラクターや日本茶アドバイザーが小学校に出向き、「お茶ができるまで」や「おいしいお茶の淹れ方」などについてお茶の学習指導にあたっています。児童たちは身近にあるお茶について実験・体験を通じて学習することで、お茶への興味が掻き立てられ、将来のお茶博士を目指す児童もいます。

　一方、鹿児島女子短期大学（鹿児島市）や和洋女子大学（千葉県市川市）では、食物系の学科において「くらしとお茶」などのお茶に関する授業を取り入れています。両校とも単位が取得できるだけでなく、日本茶アドバイザーの資格取得にも対応しています。

第6章
お茶の審査

お茶の審査とは？

お茶の審査とは、何をどのように審査するのでしょうか？ これから自分の好みのお茶や新しいタイプのお茶を探すのに、知っておくと便利なテクニックを紹介します。

お茶の何を審査するのか

　現在、市中には実に多彩なお茶が出回っています。品種をとってみても「やぶきた」を筆頭に、さまざまな品種があり、また、茶種についても煎茶や玉露、玉緑茶などさまざまな種類があります。

　こうした多彩なお茶にはそれぞれ固有の品質特性があります。どのお茶がどのような特性を備えているのか、また新しい品種のお茶がどのような特性を持っているのかを明らかにするために、お茶の審査が行われているのです。

　審査によってお茶をくわしく評価することで、品質の特徴や優劣だけでなく、製造上の問題点なども見つけ出すことができます。

　審査方法には、人の感覚による「官能審査」と機器による「科学的審査」があります。ここではまず、品評会での審査の柱となる官能審査について紹介します。

　官能審査には「外観審査」と「内質審査」の2つがあります。外観審査は、お茶そのものの形状や色沢を見るもので、内質審査はお茶を湯で浸出した液の色（水色）、滋味と香気を見るものです。通常は、まず外観を見て、次に内質を見るという順番で審査します。

　実際の品評会では、外観や水色、滋味、香気の項目ごとに、次の表にあるような評価基準を設け、何人かの審査員が減点法によって点数をつけていきます。評価基準はお茶の種類ごとに変わります。各項目の合計得点で順位をつけ、1等から3等までを入賞とします。

全国茶品評会における「普通煎茶（荒茶）」の審査基準

項　目		評　価　基　準
外観	形状	①伸び形で丸く細くよれ、締まりが良いもの ②伸びが良いもの ③芽ぞろいが良いもの ④手の平にのせて重量感のあるもの ⑤破砕がなく荒茶らしく（紡錘形）剣先のあるもの
	色沢	①冴えがあり濃緑色のもの ②色調がそろい光沢のあるもの
香気		①爽快な若芽の香りのあるもの ②新鮮な香りのあるもの
水色		①黄緑色で明るく澄み、濃度感のあるもの
滋味		①甘味、渋味、苦味とうま味が適当な濃さで調和したもの ②舌にまろやかに当たり喉越しが良いもの ③口の中に清涼感を与えるもの

🌱 審査に必要な道具

　官能審査には次のような道具を使います。

1　審査盆

　　外観審査に用いる深さのある盆。黒色エナメル塗装を施したブリキ製の角盆が多い。拝見盆またはカルトンともいう。

2　秤（はかり）

　　お茶を計量する。上皿天秤（うわざらてんびん）が主だが、近年は電子秤も使われる。

3　審査茶碗

　　白色磁器製の茶碗。容量約200mL。「米国式審査茶碗」と呼ばれる。

4　審査匙（さじ）

　　銀製か洋銀製などで重さ30gくらいのスプーン。1回に5 〜 10mLの浸出液をすくえるもの。

5　すくい網

　　網匙（あみさじ）ともいう。香気の審査で茶殻をすくうために用いられる。径50mmの平らな網匙。

6 ネットカップ

　品評会で茶殻を取り除くために用いられるもの。径100mm、目開き18メッシュのカップ状の網。

7 茶殻入れ

　ネットカップですくった茶殻を処理するための容器。バケツなど。

8 時計

　浸出時間を計る。一般的にはストップウォッチが用いられる。

　以上のような道具を使って審査が行われます。視覚や味覚、嗅覚、触覚をフルに活用する審査方法なので、審査員は全神経を集中させる必要があります。そのため、審査場所は安定した採光を得るために、直射日光が当たらない北側で、外部と遮断された静かなところに設置されます。

審査盆

秤（上皿天秤）

審査茶碗

すくい網（左）と審査匙

ネットカップ

お茶の市場や問屋街で見かける
真剣勝負の品定め

　新茶の季節になると、お茶の市場や茶問屋で匙やすくい網を持って何やら真剣な顔をしている人たちの姿を見かけます。一体何をしているのでしょうか？

　毎年八十八夜が近づくと、お茶専門店の仕入れ担当者はその年に販売するお茶を仕入れるために問屋街にやってきます。そして、茶問屋の店先でお茶の品定めをしているのです。彼らが手にする匙やすくい網は、その品定めに欠かせない商売道具なのです。

　問屋の店先ではヤカンに湯が沸いていて、白磁の審査茶碗がいくつも用意されています。仕入れ担当者は茶碗にお茶の葉を入れ、熱湯を注ぎます。それから、すくい網で葉をすくい上げ、まずお茶の香りを調べた後に、茶殻を取り除いて水色を見て、さらに匙で浸出液をすくって味を見ます。

　このように、仕入れ担当の人たちは店先で品質審査をしているわけです。こうした審査を早朝から何度も繰り返し、数多くのお茶を吟味します。こうしてお茶の品質を確かめてから、その場で価格交渉を行います。

　このように、お茶の仕入れはその年の製品を決定する大事な仕事です。そのため、大抵はお茶に精通したベテランが担当します。長年の経験と相場の知識、的確な品質判断をもとに、早朝の限られた時間で取引を行わなければなりません。店頭での品定めは、そのためのいわば真剣勝負ともいえます。

静岡茶市場での品定め風景

㈱静岡茶市場提供

外観の見方とは？

外観審査はお茶の「形」（形状）や「色」（色沢）を見ます。こうした専門家の見方はお店でお茶を選ぶ際に役立つので、覚えておくと良いでしょう。

🍃 形状の見方

　お茶の良しあしは外観に出ます。そこで、お茶の品質審査はお茶の外観をみることから始まります。

　まず、審査盆にお茶100 〜 150gを入れて審査台に並べます。お茶が良く見えるように、直射日光が当たらず、十分に明るく安定した採光が確保できる場所で審査します。審査の基準とするお茶がある場合は、そのお茶と見比べながら判定します。

　お茶の形状は、茶の大きさや締まり具合、よれ具合、芽茶（新芽の未開葉の頂芽が小さくよれたもの）や粉や茎の有無などを見ます。良いお茶は、大きさや形が揃っていて細く締まり、細長く丸くよれていて、粉や茎などがあまり混入していないものです。手の平にお茶を取って広げてみると形状が良くわかります。

　また、手触りで確かめることも大切です。良いお茶は重量感があって表面に艶があり、握った時に滑るような感触があります。基準とするお茶がある場合には、並べて置いて左右の手で同時に触ると違いが良くわかります。

🍃 色沢の見方

　形状と同時に見るのがお茶の色沢です。審査盆に盛られたお茶が審査台にズラリと並ぶと、それぞれ異なる色沢を持っていることがわかります。

　色沢は、お茶の表面の色相（赤み・黄色み・青みなどの色合い）、明度（色

の持つ明るさ・暗さの度合い）、彩度（お茶の持つ色の鮮やかさの度合い）、均一性（色ムラの有無）、光沢の有無などを評価します。

　色沢の良いお茶は、濃くて鮮やかな明るい緑色をしていて光沢があります。しかも全体の色が均一でムラがありません。

　一方、色沢の悪いお茶は、赤みや黒み、黄色みを帯びていたり、色が薄くて明るさがなかったり、光沢がなかったりします。ただし、深蒸し茶の場合はやや黄色みを帯びていても良く、普通煎茶よりも粉が多いため、光沢がなくてもかまいません。

　お茶の外観審査は経験の浅い人でも比較的取り組みやすく、何種類か並べて見ることを繰り返していると、やがてお茶の善し悪しの見分けがつくようになります。家にあるお茶をすべて並べて見比べて見てはいかがでしょうか。

外観の審査基準「普通煎茶（荒茶）」

項　目		評　価　基　準	チ　ェ　ッ　ク　項　目
外観	形状	①伸び形で細く丸くよれ、締まりの良いもの ②伸びが良いもの ③芽揃いが良いもの ④手の平にのせて重量感のあるもの ⑤破砕がなく荒茶らしく（紡錘形）剣先のあるもの	○減点項目 形状‥‥‥大形、伸び不足、 　　　　　締まり不足、 　　　　　扁平、不揃い、破砕など 混入‥‥‥粉、茎、小玉など その他‥‥仕上げ風
	色沢	①冴えがあり濃緑色のもの ②色調が揃い光沢のあるもの	○減点項目 色沢‥‥‥赤み、赤黒み、黒み 　　　　　青黒み、白ずれ、 　　　　　冴え不足など その他‥‥深蒸し煎茶風、かぶせ茶風

内質審査の方法とは？

内質審査はお茶の香り、浸出液の味や色を評価します。視覚だけでなく、嗅覚や味覚を使う高度な見方は、お茶を選ぶ際にとても重要になります。

🍃 香気の見方

　外観審査はお茶そのものを見ますが、内質審査は湯で浸出した液の内容を見ます。浸出液の作り方は、よく混ぜたサンプルの中から無作為に3gを取り、審査茶碗に入れます。熱湯を茶碗の縁近くまで注ぎ、1〜2分後にお茶の葉が開いた頃、すくい網を使って茶殻をすくい上げ、茶殻から上がってくる湯気に含まれる香りを嗅ぎます。すくい網がない場合は、大匙を代用すると良いでしょう。

　審査には必ず熱湯を使いますから湯気も熱く、香りを嗅ぐ時に鼻腔を火傷しないように注意が必要です。

　香気は「新鮮香」（すがすがしい香り）や「みる芽香」（若芽の香り）、「火香」（火入れにより付く独特の香り）など、お茶特有の香りの強弱を中心に評価します。その他、茶種によって覆い香や釜香などが評価の対象となります。

香気の審査

127

❦ 水色・滋味の見方

　水色と滋味は、通常、一つの浸出液で審査します。お茶の中から無作為に3gを取り、審査茶碗にセットされたネットカップに入れて熱湯を注ぎ、普通煎茶は5分後、深蒸し煎茶は4分後にネットカップを引き上げて浸出液を作ります。1杯の浸出液で両方の審査を行う場合は、浸出液の温度が下がりすぎないように速やかに行う必要があります。

　水色は、浸出液の色相や明度、彩度、透明度、沈渣（おり）の有無などを見ます。煎茶の場合、黄緑色で美しく澄んでおり、それでいて濃度を感じるものが優れているとされます。赤みを帯びていたり、濁りがあったりするものは減点の対象となります。

　ただし、深蒸し煎茶は濁っていても問題ありません。また、浸出液が冷めると水色が白く濁るのは、若い芽を使っている証拠であるため、むしろ良いお茶として評価されます。また、審査茶碗の大きさや厚みが違うと水色が公平に判定することができないため、同じ窯で焼いた茶碗で行います。

　水色の次には滋味を見ます。浸出液を匙ですくって強くすすり込むように口の中に入れ、舌の全面に薄く広げて味を見ます。審査点数が多い場合は、その都度飲み込んでいるとカテキン類が舌や喉に蓄積して味が判らなくなるため、その都度吐き出すようにします。

　滋味は、苦味や渋味、うま味、甘味のバランスを見ますが、お茶の種類によって好ましいバランスが異なります。煎茶の場合、これらの4つの味要素が適度な濃さで調和し、さっぱりとした後味（あとあじ）の良いものが優れているとされます。審査においては苦味や刺激が強いものは評価されません。また、浸出液が冷めると苦味や渋味を強く感じるようになるため、温かいうちに審査するのが原則です。

　なお、味を感じるのは舌の味蕾（みらい）ですが、香気は喉を通過する時に鼻腔で感じます。味覚とはこの両者が重なり合った知覚ですから、味というのは正確には「香味」といえます。

滋味の審査

内質の審査基準「普通煎茶（荒茶）」

項目	評価基準	チェック項目
香気	①爽快な若芽の香りのあるもの ②新鮮味のある香りのあるもの	○減点項目‥‥かぶせ香、青臭、硬葉臭 茎臭、火香、こげ臭、むれ臭 萎凋香、葉傷み臭、湿り臭 変質臭、移り臭、異臭など
水色	黄緑色で明るく澄み、濃度感のあるもの	○減点項目 色調‥‥‥‥‥濁りのもの、青濁りのもの 薄くて濃度感のないもの 黄色で濃度感のないもの 水色‥‥‥‥‥赤み、赤黒み、黒み、青黒み 青み、黄色み その他‥‥‥‥かぶせ風
滋味	①甘味と渋味、苦味、うま味が適当な濃さで調和したもの ②舌にまろやかに当たり喉越しが良いもの ③口の中に清涼感を与えるもの	○減点項目‥‥‥青臭味、硬葉味 茎味、苦味、苦渋味、渋味 淡泊、火入れ味 こげ味、むれ味、萎凋味 葉傷み味、移り味、異味など

見た目が良いお茶は期待どおりにおいしい？

　野菜や果物の場合には、「ちょっと見た目が悪いが、味は良い」というものがよくあります。お茶でも見た目が悪くてもおいしいことがあるのでしょうか。

　形や色が美しいお茶は一般的には高値で取り引きされます。それは、形状や色沢は栽培状況や加工技術などの影響を大きく受けるからです。丁寧に育てられ、適切な時期に摘み取られた品質の良い生葉を高い技術で製茶すれば、外観も確実に美しく仕上がります。

　お茶の品評会では、まず外観審査を行って得点順にグループ分けをした後で、内質審査をします。これは、お茶の外観と内質がおおむね比例することが経験的にわかっているからです。

　以上のように、「見た目」はお茶を選ぶ際に重要な判断基準となります。とはいえ、少々見た目が悪いお茶でも普段使いには十分という方も多いかもしれません。そういうお茶もおいしく飲めるように、淹れ方を工夫してみるのもお茶の楽しみ方のひとつといえます。

科学的審査法とは？

最近のお茶の品質審査は人間の感覚に頼るだけではありません。最新機器による正確でスピーディーな測定が人間の感覚を補います。

🌱 分析機器による審査

　最近は食品の味や香りをセンサーで分析し、品質評価に利用する例が多くなっています。お茶の世界でも成分を科学的に測定する機器が登場し、官能審査を裏付ける審査法として活用されています。

　現在広く採用されている科学的審査法は「近赤外線分光分析法」で、近赤外線をお茶に照射することによって、お茶の成分ごとの量を測定するものです。この方法によって測定できるのは、水分や全窒素、全遊離アミノ酸、テアニン、繊維（中性デタージェント繊維、灰分込み)、タンニン、カテキン、カフェイン、ビタミンCです。これらのうち中性デタージェント繊維とは、チャの葉が生育し、硬葉になるにつれて増加する食物繊維のことです。この成分量によって生葉の成熟度がわかります。

　科学的審査法は、特別な操作や技術を必要とせず素早く測定値を出せることから利用が広がりつつあります。特に、評価にスピードが求められる生葉の受入現場でとても重宝されています。実は、生葉が取引される際にも、品質審査によって格付けされているのです。決め手となるのは査定員の感覚ですが、近赤外線分光分析法のデータも大きな判断材料となっています。

　ただし、お茶の品質を決める外観や香気、水色、滋味といった要素は非常に繊細なものであるため、単純に数値化できるものではありません。お茶は人が飲むものですから、各要素のバランスに気を配りながら最終的な評価は人間の官能に頼って行わなければなりません。これからも、こうした繊細な人間の感覚を重んじる方針は変わらないでしょう。

機器による分析値のみで品質は評価できるのか？

　お米に「食味計」という機械があることをご存知でしょうか。お茶の場合と同様に、近赤外線分光分析法によってお米に含まれる特有の成分を分析し、「食味度」が数字として表示されます。今では、その数値が店頭に並んだ米袋にも記載されるまでになりましたが、実際に食べてみた際の評価とは必ずしも合致しないようです。

　お茶の場合、近赤外線分光分析法による成分結果は下の表のように記載され、スコアとランク付けも行われます。

　お茶の審査では審査員が外観と内質の審査を行って、その品質を点数にして表します。その官能審査の結果を近赤外線分光分析機器による測定値と比べてみると、よく合致する成分は全窒素と繊維ということが明らかになっています。

　機器分析法は迅速に分析できるため、お茶の原料である生葉の評価（格付け）を即座に行う際には効果を発揮します。しかしながら、お茶はそもそも苦味や渋味、うま味、甘味などの「味」はもちろんのこと、「香り」も加えた総合的なバランスを楽しむものですので、お茶の品質は、分析値だけで単純に評価できるものではありません。

　分析値のみが独り歩きしないうに、近赤外線分光分析法の長所と限界をよく知っておきたいものです。

近赤外線分析器による分析結果例

茶成分分析計 （例）
＊＊測定結果＊＊

測定日…2020/05/05　17:05:52

測定対象…煎茶
サンプルID
カテゴリーID

水分	3.4%
全窒素	5.8%
遊離アミノ酸	3.8%
テアニン	1.9%
繊維	16.5%
タンニン	14.1%
カテキン	13.4%
カフェイン	2.8%
ビタミンC	0.52%

水分基準：0.0%

Ｆスコア64点　ランク1
GTN－9

近赤外線分析装置 （例）

「利き茶力」を高める闘茶会

　かつてお茶の世界にも「利き酒」のような、「茶歌舞伎」や「闘茶」と呼ばれる遊びがありました。本来は、一座に集まった人たちがお茶の産地や使った水の種類を当てて勝敗を決める風流な遊びだったのですが、次第に「婆娑羅（派手で勝手気ままな、常識はずれのふるまい）」といわれるように娯楽の道具と化してしまい、茶歌舞伎は禁止されました。

　現在は各地のお茶の行事において、玉露や煎茶などを使った「闘茶会」がよく開かれています。

　この開催によって、お茶に関わる人たちの「利き茶力」が高められており、今や地方大会を勝ち抜いた人たちによる全国大会や、子どもから大人までお茶に関心のある方なら誰でも参加できる楽しい闘茶会などが開催されています。

　利き茶力をつけるために、そしてお茶で優雅な気分を味わうために、このようなイベントに参加してみてはいかがでしょうか。

闘茶会の様子

132

第7章
お茶の生産・流通・消費

全国各地の茶所の
お茶の銘柄とは？

全国各地の茶所にはさまざまな銘柄のお茶があります。そんな銘柄と産地の関係にも注目しながら、お茶産業の特色を見てみましょう。

🌱 お茶の産地と銘柄の関係

　全国各地のお茶の銘柄には、ほとんどに産地名が付けられています。その産地は、生葉を荒茶に加工する産地（生産地）と、荒茶を仕上げ加工して流通させる産地（加工地）の2つに大きく分けられます。お茶の銘柄には、大抵このどちらかの産地名がつけられています。

　産地によっては宣伝戦略としてブランド名を付けているところもあります。中には、小規模ながら地域に根差した独特の製法で作るお茶に生産地名を付けている例もあります。

　最近では、地域名と商品名を組み合わせた農産物で、一定の基準を満たした農産物を「地域ブランド」として認定する「地域団体商標制度」をはじめ、伝統的な生産方法や生産地の地理的特性が、品質等の特性に結びついている産品の名称（地理的表示）を知的財産として登録し保護する「地理的表示（GI）保護制度」、地域食品の名称や製造地域の範囲、原材料、製法等に関する基準を策定し、その基準を認定する「地域食品ブランド表示基準制度」（本場の本物マーク）など、いろいろな認証制度が作られています。お茶でもこうした制度に申請し、認定されるものが数多く出てきています。

　このうち地域団体商標制度では、河越抹茶（埼玉）や足柄茶（神奈川）、加賀棒茶（石川）、静岡茶、川根茶、掛川茶、東山茶（以上、静岡）、美濃白川茶（岐阜）、伊勢茶（三重）、西尾の抹茶（愛知）、宇治茶、宇治煎茶、宇治玉露、宇治碾茶、宇治抹茶（以上、京都）、甲賀のお茶、政所茶（以上、滋賀）、八女茶、福岡の八女茶、八女抹茶（以上、福岡）、うれしの茶（佐賀）、くまもと茶、

球磨茶（以上、熊本）、知覧茶、かごしま知覧茶、霧島茶（以上、鹿児島）、セイロンティー（スリランカ）の27件が認可されています（令和4（2022）年1月末現在）。

　また、地理的表示保護制度では福岡の八女伝統本玉露が認定・登録されています。さらに地域商品ブランド表示基準制度では、足柄茶（神奈川県）や大豊の碁石茶（高知県）、伊勢本かぶせ茶（三重県）、焙炉式八女茶（福岡県）、深蒸し掛川茶（静岡県）などが認定を受けています。

　なお、製造した都府県名・市町村名を商品につけて「○○茶」と表示する場合には、その産地で作られた荒茶を100％使ったものであることが条件となります。一方、産地の荒茶が原料の100％未満50％以上の場合は、「○○茶ブレンド」と表示しなければなりません。

日本のお茶産地マップ

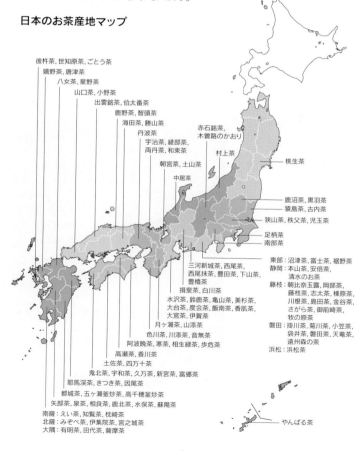

（武田善行氏作成）

山間地のお茶がおいしいのはなぜ？

　昔から、山間地で生産されたお茶はおいしいといわれています。

　確かに、銘茶の産地といわれる地域は川沿いの山間地に多く、朝晩、霧がかかるところが多いようです。では、なぜ山間地のお茶はおいしいのでしょうか？

　山間地は平地と比べると日照時間が短く、気温も低く、さらに昼と夜の温度差が大きいのが特徴です。そのため、新芽の生長が遅く、摘み取る時期は遅れますが、茶芽がゆっくりと生長するため、うま味成分が長く保たれる効果があるといえます。

　また、これらの要因に加えて、まわりの木々が茶園に日陰を作ることにより、カテキン類が少なく、アミノ酸類は多くなる傾向があります。

　つまり、苦味や渋味が控えめで、うま味や甘味が多く含まれた茶葉に育つのです。さらに、山間地のお茶には山間地ならではの「山の香り」があるのも他にはない特徴です。

　一方、日照時間が長く、昼夜の温度差が少ない平地のお茶は、すべての味成分が適度な濃さで調和し、山間地のお茶よりも味が強くなる傾向があります。

　このように、お茶の味や香りは気象条件や立地条件の違いで微妙に変わります。産地の風景を思い浮かべながら、いろいろな産地のお茶を試してみてはいかがでしょうか。

静岡市丸子の茶園

お茶を日本一 生産している県は？

日本のお茶の栽培面積や生産量は、どのように変化しているのでしょうか？さまざまな統計データからお茶産業の現状を見てみましょう。

❦ お茶の生産量と栽培面積

　日本の農産物の生産量はおおむね減少傾向にありますが、お茶はどうなのでしょうか？

　昭和40（1965）年以降の荒茶生産量（147頁表参照）をみると、昭和50（1975）年の105,500tをピークに20年間ほど減少し、停滞気味に推移していました。しかしその後、緑茶飲料の原料茶の需要が増え、再び増加傾向に転じて、平成17（2005）年に10万ｔまで回復した後は、緩やかに減少しています。生産量は40年前よりやや減少しているものの、栽培面積の減少割合に比べると、そこまでは減少していません。それでも、令和2（2020）年の荒茶生産量は69,800ｔまで減っています。

　一方、お茶の栽培面積は昭和50年代後半（1980年代前半）の約61,000haをピークに、生産者の高齢化や後継者不足などもあって、平成11（1999）年以降は毎年200 〜 400haずつ減少しています。その結果、令和2（2020）年までの40年間で35%強の茶園が失われ、栽培面積はおよそ39,000haにまで減少しています。

　都市化が進んでいる関東や近畿地方では、農地の転用や他の作物への転換、また生産者の高齢化や後継者不足などによる廃園が進んだため、減少割合が顕著になっています。しかし、九州地方、特に鹿児島県など南九州ではお茶が重要な基幹作物となっており、栽培面積の減少はわずかに留まっています。

なお、令和2（2020）年は、世界的な新型コロナウイルスの感染拡大の影響と二番茶以降の収穫抑制によって大幅な減産となりました。令和2（2020）年の国内における栽培面積および荒茶生産量のベスト5は、それぞれ次のとおりです。

茶栽培面積及び荒茶生産量ベスト5（2020年）

順位	府県名	栽培面積(ha)	割合％
1	静岡県	15,200	39.9
2	鹿児島県	8,360	21.4
3	三重県	2,710	6.9
4	京都府	1,560	4.0
5	福岡県	1,540	3.9
	その他	9,740	24.9
	計	39,100	100.0

順位	府県名	荒茶生産量(t)
1	静岡県	25,200
2	鹿児島県	23,900
3	三重県	5,080
4	宮崎県	3,060
5	京都府	2,360
	その他	10,200
	全国計	69,800

・静岡県と鹿児島県が2大産地で、両県で全国の栽培面積のおよそ60％を占めています。
・全国の荒茶生産量7万tの内、静岡県と鹿児島県の合計生産量は約5万tに達しています。
・鹿児島県と宮崎県の栽培面積あたりの荒茶生産量（t/ha）は、ほかの3県を大きく上回っているのが特徴です。

農林水産省大臣官房統計部公表資料（2020）より作表

　一方、お茶農家の戸数については大幅に減少していますが、一戸当たりの栽培面積は増加しています。これは、お茶生産者の経営規模が拡大し、専業化が進んでいるためと考えられます。
　また、栽培面積が減少している割に生産量が減少していないのは、お茶専用園が増えたことや優良品種が普及したことの他に、生産技術が向上したことなどを受けて、面積当たりの生産性が高まったことが考えられます。さらには、平成10（1998）年以降、ペットボトル用の原料として需要が増えたことも影響しています。

主産県における農家1戸当たりの栽培面積の推移 (ha)

府県名	2000年	2005年	2010年	2015年	2020年
静岡県	0.7	0.8	1.0	1.4	1.2
鹿児島県	1.5	2.1	3.0	3.6	3.3
三重県	0.5	0.9	1.3	2.0	1.5
京都府	0.9	1.1	1.3	1.6	1.5
福岡県	0.5	0.8	0.9	1.3	1.1
宮崎県	1.2	1.7	2.2	2.0	2.1
熊本県	0.6	0.8	1.1	1.3	1.1

注）1.2015年までは販売農家1戸当たりの栽培面積
　　2.2020年は個人経営体当たりの栽培面積

農林水産省「農林業センサス」より作成

🌱 お茶の種類別生産量

　令和2（2020）年のお茶の生産量を茶種別にみると、煎茶（深蒸し茶を含む）が約37,000 t と全体の約53％を占めます。次いで番茶が約22,000 t 、碾茶が約2,700 t 、かぶせ茶が約2,200t、玉緑茶が約1,800tとなっています。玉露は約490 t と生産量が少なく、全体の約0.7％にすぎません。

　近年の生産量の推移をみると、煎茶や玉緑茶が減少傾向です。一方、碾茶は抹茶としての飲用の他に食材用としての需要が高まったため、生産量は増加しています。

　茶種別の生産量は産地ごとにばらつきがあります。ほとんどの産地では煎茶が最も多く生産されていますが、三重県ではかぶせ茶の生産割合が高く、煎茶を上回っています。

　玉露の生産は三重県と京都府に集中しています。また、碾茶はかつて京都府と愛知県で7割を占めていましたが、近年では鹿児島県や静岡県、奈良県などでも生産量が増えています。一方、玉緑茶は圧倒的に九州地方で多く生産されています。

　ちなみに国内の烏龍茶や紅茶の生産量はごくわずかですが、最近は特産物として熱心に取り組んでいる地域もあります。特に紅茶は「和紅茶」や「地紅茶」などと呼ばれて販売されています。

茶種別の主な産地と荒茶生産量（2020年）

煎 茶		玉緑茶		番 茶	
産　地	生産量(t)	産地	生産量(t)	産地	生産量(t)
静岡県	15,013	佐賀県	588	静岡県	9,431
鹿児島県	14,100	長崎県	426	鹿児島県	8,400
宮崎県	1,752	熊本県	393	三重県	1,133
福岡県	1,200	静岡県	128	奈良県	890
三重県	1,099	大分県	100	京都府	825
全国計	36,863	全国計	1,825	全国計	21,608

玉 露		かぶせ茶		碾 茶	
産　地	生産量(t)	産地	生産量(t)	産地	生産量(t)
三重県	297	三重県	1,250	鹿児島県	800
京都府	131	奈良県	260	京都府	622
福岡県	40	福岡県	215	静岡県	455
静岡県	10	京都府	164	愛知県	364
熊本県	10	静岡県	132	奈良県	200
全国計	492	全国計	2,245	全国計	2,736

全国茶生産団体連合会調べ（令和3年版日本茶業中央会茶関係資料）

🍵 茶期による生産量 ───────────

　お茶は、葉を摘み採る順番によってそれぞれ呼び方があります。越冬後、その年の最初に出た新芽を摘み採り製造したものが「一番茶」と呼ばれ、最も品質が良いとされます。一番茶の後、2回目に摘み採ったものが「二番茶」、以降3回目が「三番茶」、4回目が「四番茶」と呼ばれます。

　数字が増えていくに従って、お茶の品質は下がっていきます。また、晩秋や初春に茶樹の形を整えるために刈り込んだ葉や茎を番茶に加工しますが、摘採する時期により「秋冬番茶」、「春番茶」と呼ばれます。

　また、摘採時期のことを「茶期」といい、だいたい一番茶は4月から、二番茶は6月頃から、三番茶は8月頃、四番茶は9月が茶期とされています。一番茶を摘み取った後、二番茶を摘むまでに約50日間かかりますが、二番茶の後は三番茶までは30 ～ 40日間というように、気温の上昇と共にだんだんと間隔が短くなっていきます。

　各茶期で最も生産量が多いのは一番茶で、年間の生産量の約40%を占めます。4 ～ 5月に摘み採る一番茶は味や香りも一番良く、高値で取り引きされます。茶生産者はこの一番茶の時期に年間収益のおよそ60%を確保しているだけに、一番茶は最も重要な茶期となります。

　また、どの産地でもすべての茶期に摘採を行うとはかぎりません。気温の低い地域や山間部では、二番茶までで終わりにします。また、夏期の生育が活発な時期に三番茶芽を摘採すると、翌年の一番茶の品質が低下することから、近年は平坦暖地でも三番茶芽を摘採することは控えられています。

　その一方で、近年はペットボトル用の原料茶の需要が増加していることから、温暖な南九州地区では四番茶や秋冬・春番茶の生産割合が高まってきています。

全国の摘採時期

茶期別	区分
一番茶	3月下旬～ 5月下旬
二番茶	5月下旬～ 7月中旬
三番茶	7月中旬～ 8月中旬
四番茶	9月上旬～
秋冬番茶	10月中旬～
春番茶	3月上・中旬

茶期別茶生産割合（2020年）

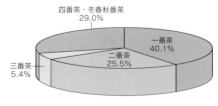

四番茶・冬春秋番茶 29.0%
一番茶 40.1%
二番茶 25.5%
三番茶 5.4%

全国茶生産団体連合会調査より作成

お茶の流通の仕組みは？

生産されたお茶はどのようなルートを経て、私たちの手元に届くのでしょうか。産地から店頭まで、その流通経路を探ってみましょう。

お茶の流通経路

　お茶の流通には、生産者や加工業者、流通業者など多くの人が関わっていて、その経路は多様です。地域によって多少異なりますが、基本的には、「生葉の流通」「荒茶の流通」「仕上げ茶の流通」の3つの段階に分けられます。

　まず茶農家によって生産された生葉は、茶園のある産地（生産立地）内の荒茶工場に持ち込まれ、荒茶に加工されます。製茶業者や農協などがまとめて行う場合もありますが、たいていは生産者や茶農協のような生産者組織が行う場合が多いです。

　荒茶は茶市場や農協などを経て、仕上げ茶の産地（加工立地）の卸売業者などに集められ、ブレンド（合組）など仕上げ加工が施されます。古くからの生産地である静岡県や京都府などは、各産地から荒茶が集まる集散地でもあります。こうした大規模な集散地には、加工業者をはじめ、斡旋商や仲買商、包装資材業者、製茶機械メーカーなど、多くの関連業者が集まっています。

　仕上げ加工された仕上げ茶は、茶問屋などを経て消費地の小売業者に卸されます。その小売は、茶小売店（お茶専門店）をはじめ、デパートやスーパーマーケット、コンビニエンスストアなどの店舗販売から、自家小売や通信販売まで、さまざまな小売流通形態があります。

　総務省が5年ごとに行ってきた全国消費実態調査によると、昭和49（1974）年以降40年間で、茶小売商の販売シェアは6割減少したのに対し、スーパーマーケットのシェアは2倍以上に増加し、茶の購入先のトップになった他、通販やインターネット販売でお茶を購入する人も増えています。

お茶の流通経路

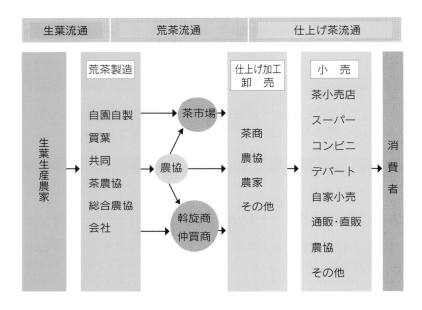

お茶の購入先の変遷

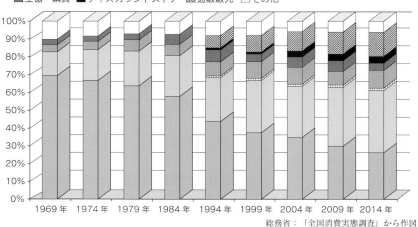

一般茶小売店　スーパー　コンビニエンスストア　百貨店
生協・購買　ディスカウントストア　通販販売　その他

総務省：「全国消費実態調査」から作図

142

また、2020年に農林水産省が行った「緑茶の飲用に関する意識・意向調査」を見ても、普段、葉茶から淹れたお茶やティーバッグで淹れたお茶を飲む人たちの購入先はスーパーが最も多く、次いで茶専門店となっていて、通信販売の利用も増加していることが明らかになりました。このように消費者の購入スタイルが多様化している中、お茶の購入に当たっては、生産・製造履歴の情報も重要な判断材料になります。そのため、お茶についても追跡可能なトレーサビリティの仕組みが整備されつつあります。

🌱 緑茶の表示基準

お茶を買う時には、どれを選べば良いのか迷うものです。そんな時にはお茶のパッケージに書いてある表示を見てみましょう。そこには、お茶の内容を示す多くの商品情報が、厳しい基準に基づいて記載されています。

消費者等に販売されるお茶をはじめとした加工食品のうち、缶や袋などの密閉された容器に入れられた食品は、食品表示法の「加工食品品質表示基準」に基づいて、名称・原材料名・添加物・原料原産地名・栄養成分の量および熱量・内容量・賞味期限・保存の方法・原産国名・食品関連事業者名・製造者名等（または販売者名）の表示が義務付けられています。

茶業界では茶流通の円滑化を図ると共に、消費者が安心して茶を選ぶことができるように、これまで法律事項を含む業界独自の自主統一基準として「緑茶の表示基準」を定めて運用してきました。

この基準は、茶業振興の中心的役割を担う「公益社団法人日本茶業中央会」が自主的に規定しているものですが、お茶に適用される法律などに基づいて業界として守るべき基準や行動規範を定めたものです。特に産地の表示については厳しく定められ、原材料が○○産100％である場合に限って「○○茶」と表示できることになっています。平成27（2015）年の新たな食品表示法の施行に伴って、この基準の条項の見直しが必要になり、平成31（2019）年3月に「緑茶の表示基準」が改正されました。

こうした厳密な表示基準が、お茶に対する信頼感や安心感につながっていくことは間違いありません。お茶を選ぶ時には、ぜひ容器の裏側の表示を確かめて参考にしてください。

🌱 お茶に関係する法令

　お茶は昔から単に喉の渇きを潤すだけではなく、日常生活の中で、食事やだんらんの場に欠かすことのできない飲み物として親しまれてきました。

　お茶は消費者一般を対象とした食品であるため、他の食品と同じように、消費者保護の立場で定められている関係法律や地方公共団体が定める条例を遵守する必要があります。お茶に適用される法律（145頁参照）については、お茶を扱う関係者であれば必ず理解しておかなければなりません。

　近年は、それらに加えて関係する法律や制度が増え、「医薬品、医療機器等の品質、有効性及び安全性の確保等に関する法律」（旧薬事法）や健康増進法、容器包装リサイクル法、PL法、種苗法、地理的表示法などの他、商標法の特例措置に基づく地域団体商標制度なども理解しておく必要があります。また、条例としては都道府県ごとに定める消費生活条例の他、静岡県の「静岡県茶業

振興条例」のような独自の条例などもあります。

　お茶を商品として取り扱う場合は、これらの法律や条例を守ることはもちろん、消費者に安心して飲んでもらえる安全な飲料として提供できるような努力が常に欠かせないのです。

お茶に適用される法律		
・食品安全基本法	2003年5月制定	
・食品表示法	2013年6月制定	
・食品衛生法	1947年12月制定　2018年一部改正	
・計量法	1992年5月制定	
・不当景品類及び不当表示防止法（略称 景品表示法）		
	1962年5月制定　2014年改正	
・日本農林規格等に関する法律（略称 JAS法）		
	1950年5月制定　2017年6月改正	
・不正競争防止法	1993年5月制定　2018年改正	
・農薬取締法	1948年7月制定　2002年改正	
	2018年6月改正	

お茶を買うならどこがいい？

　お茶専門店でお茶を買う人は、昭和44（1969）年には70%近くだったのが、45年後の平成26（2014）年の調査では約26%にまで落ち込んでいます。

　スーパーなどでの買物は手軽ですが、多くが中身の見えない包装品で、一番大事なお茶の品質を確認できません。自分に合った良いお茶を探すなら、やはり専門店がお勧めです。専門店の魅力は、何といっても現物を見ながらお茶の試飲ができるところです。実際にお茶を飲んで味を確かめてから、自分の好みに合ったお茶を買うことができます。

　また、お店の人にいろいろな話を聞くうちに、お茶に詳しくなれるだけでなく、時にはお茶のプロならではの貴重な情報を教えてもらえるかもしれません。

　お茶の専門店を選ぶ時のコツは、商品の回転が良く、同じ価格帯のお茶をたくさん取り揃えているお店にすることです。新鮮なうちに飲み切れるよう少しずつ買うなど、いろいろな種類のお茶を飲んでみたり、いろいろなお店から買って飲み比べてみたりするのも良いでしょう。そうするうちに、自然と好みのお茶やお店が絞られてくるはずです。

たくさんの種類を揃えているところを
選ぶのが店選びのコツ

日本で一番お茶を飲む地域は？

国内のお茶の消費量はどのように変化しているのでしょうか？　さまざまなデータから、お茶消費の実態に迫ってみましょう。

🌱 お茶の消費量

　お茶の国内消費量は、「国内生産量＋輸入量ー輸出量」から推定しています。その消費量は昭和50（1975）年の11万tをピークに、近年は8万t前後で推移しています。

　これを国民1人当たりに換算すると、ピーク時は年間約1,000gありましたが、近年は650g前後になっています。そして、コロナ禍の影響を受けた令和2（2020）年には600gを大きく割り込んでいます。この数字には、飲料をはじめ食品に加工する時の原料なども含まれているため、これらを除いた一般家庭での消費量は年間約45,000ｔ、消費量全体の約5割強を占めると推定されています。

　家庭での消費量は、総務省「家計調査」の「1世帯当たりの緑茶の購入量」から推定できます。昭和40年代（1965 ～ 1974年）の2,000ｇ台をピークに年々減少しており、平成30（2018）年以降は800g前後で推移しています。

　このようにリーフとしてのお茶の消費量が減少しているのは、食生活の洋風化や嗜好飲料の多様化、1世帯当たりの人員の減少といったマイナス要因の影響などが挙げられますが、緑茶飲料自体の消費量は伸びています。実際、緑茶飲料を含む茶飲料購入のための支出金額は、葉茶（リーフ茶）の支出金額の倍以上になっています。日本茶の消費量は商品の特性上、季節および気象条件によって変動があり、年間では新茶需要時期の5月と、お歳暮などの贈答用需要が多くなる12月で高くなっています。

緑茶の国内生産量・輸出入量・消費量の推移

年次	国内生産量 (t)	輸入量 (t)	輸出量 (t)	国内消費量 (t)	人　口 (千人)	1人当たり の消費量 (g)
1965 (S40年)	75,874	920	4,653	72,141	99,209	727
1970 (45年)	90,944	9,063	1,531	98,476	104,665	941
1975 (50年)	105,446	8,860	2,198	112,108	111,940	1,002
1980 (55年)	102,300	4,396	2,669	104,027	117,060	889
1985 (60年)	95,500	2,215	1,762	95,953	121,049	793
1990 (H2年)	89,900	1,941	283	91,558	123,611	741
1995 (　7年)	84,800	6,467	461	90,806	125,570	725
2000 (12年)	89,300	14,328	684	102,994	126,919	811
2005 (17年)	100,000	15,187	1,096	114,091	127,768	893
2007 (19年)	94,100	9,591	1,625	102,066	127,771	799
2008 (20年)	95,500	7,326	1,701	101,125	127,692	792
2009 (21年)	86,000	5,865	1,958	89,907	127,510	705
2010 (22年)	85,000	5,906	2,232	88,674	128,056	692
2011 (23年)	82,100	5,392	2,387	85,106	127,834	666
2012 (24年)	85,900	5,473	2,351	89,022	127,593	698
2013 (25年)	84,800	4,875	2,942	86,733	127,414	681
2014 (26年)	83,500	4,180	3,516	84,164	127,237	661
2015 (27年)	79,500	3,473	4,127	78,846	127,095	620
2016 (28年)	80,200	3,618	4,108	79,710	126,933	628
2017 (29年)	82,000	3,970	4,642	81,328	126,706	642
2018 (30年)	86,300	4,740	5,102	85,938	126,443	680
2019 (R1年)	81,700	4,390	5,108	80,982	126,167	642
2020 (　2年)	69,800	3,917	5,274	68,443	125,708	544

注)　国内生産量は、農林水産省「茶統計年報」による。輸出入は財務省「通関統計」による。
　　人口は、総務省による各年次10月1日現在の推計総人口である。

（公社）日本茶業中央会:2021年度茶関係資料より作表

147

緑茶の家計内年間購入量の推移

	世帯数 （千）	家計内世帯当たり 購入量 （g）	家計内推計 総購入量 （t）	年間 供給量 （t）	家計内推計 在宅消費量 （%）
1990年	41,156	1,237	50,910	91,558	55.6
1995年	44,236	1,234	54,587	90,806	60.1
1998年	46,157	1,284	59,266	88,347	67.0
2000年	47,420	1,199	56,857	102,944	55.2
2005年	50,382	1,133	57,083	114,091	50.0
2008年	52,325	992	51,906	101,125	51.3
2010年	53,363	956	51,015	88,674	57.5
2012年	54,171	889	48,158	89,022	54.1
2013年	54,595	877	47,880	86,733	55.2
2014年	54,952	889	48,852	84,164	58.0
2015年	55,364	844	46,727	78,846	59.3
2016年	55,812	856	47,775	79,710	59.9
2017年	56,222	855	48,070	81,328	59.1
2018年	56,614	798	45,178	85,938	52.6
2019年	56,997	791	45,085	80,982	55.7
2020年	57,381	827	47,454	68,443	69.3

総務省「家計調査年報」等から推定作表

1 世帯当たりの緑茶・茶飲料の年間支出金額（円）

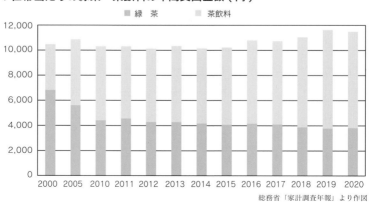

総務省「家計調査年報」より作図

緑茶の月別購入量等（2016 ～ 2020 年平均）

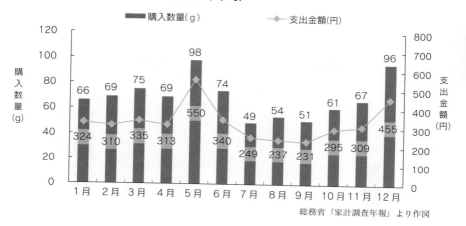

総務省「家計調査年報」より作図

　なお、同じく家計調査（2016 ～ 2020年の平均値）から1世帯当たりの購入量を地域別に見ると、多い順に東海、関東、九州、近畿となっており、沖縄、四国、中国地域では低くなっています。ちなみに、都市別に見ると、静岡市が購入量、購入金額共にトップになっています。やはり、産地では多く飲まれていることがわかります。

地域別・1 世帯当たりの緑茶に対する年間支出額等（2016 ～ 2020 年平均）

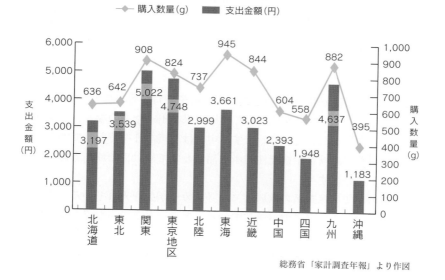

総務省「家計調査年報」より作図

また、お茶の消費量は食事の内容（和食か洋食かなど）や生活様式と関係しており、消費年齢にも特徴が出ます。総じて年齢が上がるに従って購入量、支出金額共に増加し、60歳以上では全世代の平均値を上回ります。70歳以上の層の購入金額では29歳未満に比べて、7.9倍になっています。

緑茶の世帯主年齢階級別購入量等（2016〜2020年平均）

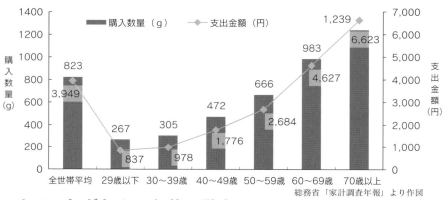

総務省「家計調査年報」より作図

🍃 ペットボトルのお茶の動向

　今やペットボトルのお茶の人気はすっかり定着し、その市場は拡大を続けています。

　ペットボトルのお茶は正確にいうと「清涼飲料」に属する飲み物で、「茶系飲料」に分類されます。原料の茶を抽出するところまではお茶を淹れるのと同様の手順ですが、保存性を高めるために酸化防止剤（ビタミンC）やpH調整剤などが添加され、浸出液の濃度は急須で淹れた場合の半分程度のものがほとんどです。また、清涼飲料の場合には、表示をすれば一定の添加物を加えることが認められています。

　茶系飲料には、他の植物原材料を混ぜたものや独特の香料などを加えたもの、また、カテキンやテアニンを添加して健康効果を狙ったものなど、さまざまな商品があり、個性を競い合っています。中には、機能性を持たせて特定保健用食品*1の許可を得た飲料や機能性表示食品*2として届け出た飲料もあり、ヒット商品となっています。

　茶系飲料の中でも緑茶系の飲料は、各メーカーが力を入れている主力商品群です。現代人の健康志向にマッチしていることや、どこでもお茶が飲めるという利便性や簡便性も兼ね備えていることから、平成11（1999）年頃から急速にそのシェアを拡大し、平成17（2005）年まで右肩上がりの急成長をとげました。

その後、平成24（2012）年以降に再び上昇傾向に転じ、平成28（2016）年からは4年連続で過去最高の生産量を記録し、令和2（2020）年には緑茶系飲料だけで生産量が約297万kL、販売金額では約4,434億円に達しています。これは全茶系飲料の4割以上を占める数字です。

また、緑茶系飲料のための原料として推定約3万 t のお茶が使われ、新たなお茶の需要が生み出されています。このように、ペットボトルのお茶は緑茶市場に大きな影響力を持つ存在になっているのです。

近年、ペットボトルなどの廃プラスチックによる環境汚染問題が注目されていますが、飲料業界でも、非プラスチック容器の工夫・開発が進められており、消費段階でも、投げ捨ての禁止や回収の促進が求められています。

＊1 特定保健用食品
　　通称トクホ。身体の生理的機能などに影響を与える保健機能成分を含む食品。この名称を名乗るためには、生理的機能や特定の保健機能を示す有効性や安全性などに関する科学的根拠について審査を受け、厚生労働省の許可を受ける必要がある。

＊2 機能性表示食品
　　事業者が食品の安全性と機能性に係る科学的根拠などの必要な事項を、販売前（おおむね60日前まで）に消費者庁長官に届け出れば、事業者の責任において科学的根拠に基づいた当該産品のパッケージなどに表示することができる保健機能食品。

高いお茶ほどおいしい？

　お茶を買う時に、価格と品質の兼ね合いに悩むことはありませんか。いくらおいしくてもあまり高いお茶は買えないし、安くてもおいしくなかったら困るし……と悩んだ末に、中くらいの価格のものを選ぶというのが多くの方々の着地点ではないでしょうか。

　では、お茶のおいしさは価格と比例するのでしょうか。

　日本茶はうま味を愉しむ飲み物で、アミノ酸が多く含まれるお茶はそれだけうま味が強まります。

　最近は近赤外線分光分析装置により、このお茶のアミノ酸量を簡単に測定することができ、アミノ酸の多いお茶は高い価格で取り引きされるようになりました。従って、高いお茶はたいていアミノ酸が多いことになり、一般的には高いお茶ほどおいしいということになります。

　とはいえ、お茶を飲み慣れていない人には、高価な玉露の濃厚なうま味が口に合わず、かえってまずいと感じることがあります。逆に、価格の安い番茶のあっさりした味や、焙じ茶や玄米茶のような香ばしい香りが、子どもからお年寄りまで広く好まれたりするものです。ですから、一概に安いお茶がおいしくないともいえません。そこが嗜好品としてのお茶の難しいところです。

　つまり、おいしいお茶というのは、うま味単独によるものではなく、うま味や苦味、渋味のバランスが取れ、後味がさっぱりしたものといえます。

　お茶を買う際には、できればいろいろなお茶を試飲してから選ぶのが賢い買い方といえます。

　そうすれば、予算と自分の好みが折り合ったお茶を選ぶことができるでしょう。

お茶屋さんで、自分の好みに合った
お茶を試してみましょう

お茶の輸出入の状況は？

世界における日本茶の位置づけ、日本における輸入茶の種類など、あまり知られていない日本のお茶の輸出入の状況を紹介します。

お茶の輸出状況

　かつて、お茶は生糸と並んで日本の輸出産業の柱といわれていました。明治の中・後期にあたる19世紀末〜20世紀初頭には、アメリカやカナダなどを中心に2万t前後のお茶が輸出され、外貨獲得に大きな貢献を果たしました。

　大正時代に入るとロシアなどに販路を広げ、大量に輸出を続けていましたが、まもなく他国との競合や、アメリカなどでの粗悪品の摘発などの痛手が重なり、大正6（1917）年の約3万tをピークに減少しはじめ、昭和初期の1920年代後半には、1万t台まで落ち込みました。

　戦後、援助物資の見返りとしてお茶の輸出が復活し、アメリカや北アフリカへの輸出などによって徐々に盛り返していきました。しかし、昭和29（1954）年の17,178tをピークに徐々に減少に転じ、平成3（1991）年には289ｔ（うち緑茶253t）と、統計を取る中で最低を記録しました。

　しかし近年、アメリカに加え、ヨーロッパやアジア地域でも緑茶の持つ健康効果に対する関心が高まっており、年々輸出量が増えています。また、平成17（2005）年からは政府の農林水産物輸出促進事業が開始されることになり、茶も重要輸出農産品目の一つになっています。そして、平成26（2014）年には日本茶輸出促進協議会が設立され、輸出促進のためのさまざまな取り組みが国内外で積極的に実施されています。

　その結果、緑茶の輸出量も平成17（2005）年に1,000ｔ、平成22（2010）年に2,000ｔ、平成27（2015）年に4,000ｔ、平成30（2018）年には5,000ｔを超え、平成27（2015）年以降は緑茶の輸入量を上回る状況が続いています。

輸出先も全世界に広がりを見せ、アメリカを筆頭に、台湾やシンガポール、マレーシア、タイ、香港などのアジア諸国、ドイツなどのEU諸国やカナダなどで伸びています。

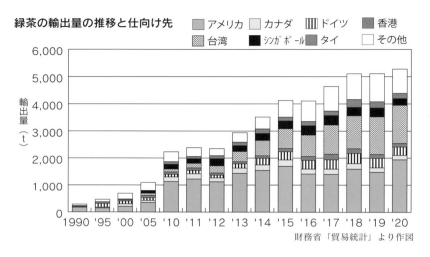

緑茶の輸出量の推移と仕向け先

財務省「貿易統計」より作図

🍃 お茶の輸入状況

　日本が輸入している茶類は平成12（2000）年以降減少傾向にあり、平成27（2015）年以降は3万トン前後で推移しています。令和2（2020）年は国内生産量の約3分の1の年間約27,000tで、その内訳は紅茶が約55％、烏龍茶が約31％、緑茶が約14％となっています。紅茶と烏龍茶については国内ではほとんど作られておらず、輸入に頼っています。また、緑茶は国内の供給不足を補う形で輸入されています。

茶の輸入量 27,476t の内訳（2020 年）

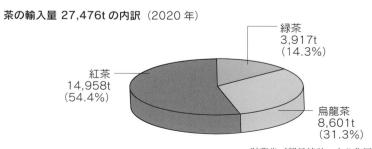

緑茶
3,917t
（14.3%）

紅茶
14,958t
（54.4%）

烏龍茶
8,601t
（31.3%）

財務省「貿易統計」より作図

154

茶類の輸入にあたっては、WTO（世界貿易機関）による国際的な取り決めによって協定関税税率が適用され、輸入価格に応じて17%の従価税（紅茶のみ12%）が課されています。

緑茶の輸入量は昭和48（1973）年の12,800tをピークに、平成2（1990）年の1,941tまで減少しましたが、その後再び増加傾向となり、平成11（1999）年以降は緑茶飲料用原料茶の需要の高まりもあって、1万t以上を保ちつつ増減を繰り返しました。

しかし、平成29（2017）年の食品表示基準改正による原料原産国表示の義務化や国産志向の高まりなどもあり、平成16（2004）年の17,000tの輸入を境に減少傾向は止まらず、現在ではピーク時の約25%まで低下しています。

このように現在は減少傾向にあるとはいえ、ここまで緑茶の輸入量が増えた理由としては、国内の生産量が停滞気味になっていること、中国など外国産の価格が安いこと、飲料用原料や焙じ茶原料など用途によっては使いやすいこと、などが挙げられます。輸入先としては平成元（1989）年頃までは台湾が主でしたが、今では80%以上が中国からとなっています。

一方、紅茶と烏龍茶の輸入量については、紅茶は微減傾向、烏龍茶はドリンクとしてのシェアが縮小して原料用需要が落ちたことから減少傾向にあります。輸入先としては、紅茶はスリランカ、インド、ケニアなどから、烏龍茶は中国からが主となっています。

緑茶の輸入量の推移と輸入先

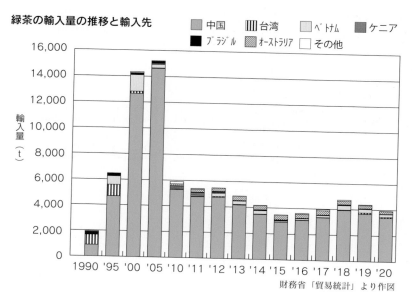

財務省「貿易統計」より作図

お茶は高いといえるのか？

　良いお茶は高いといわれますが、本当でしょうか。上級の煎茶は100g当たり1,000円以上しますが、ブレンドコーヒーは100g当たり300 ～ 400円です。重さ当たりの値段では、確かにお茶は高いといえます。

　では、1杯当たりのコストで考えてみたらどうなるでしょうか。

　お茶は1杯当たりお茶の葉を3gほど使います。100g当たり1,000円のお茶だと3gで30円です。コーヒーでは1杯当たり10gの豆が必要なため、100g当たり300円のコーヒーであれば30円です。

　値段だけ見ると同じになりますが、実は違います。良いお茶は2 ～ 3煎までおいしく飲めます。もし3煎まで飲んだとしたら、1杯当たりの値段は30円÷3で10円となります。

　コーヒーは1煎抽出して終わりですから、1杯30円は変わりません。

　このように考えると、良いお茶でも決して高いものではないことがわかるかと思います。

世界で最も茶を飲む国はどこ？

緑茶や紅茶、烏龍茶など、種類も飲まれ方もさまざまですが、お茶は世界中で人々に愛され、飲まれています。世界のお茶の生産と流通、消費の状況について見てみましょう。

🌱 世界の茶の生産と消費

　令和元（2019）年の世界の茶の栽培面積は約500万ha、生産量は615万tとされています。茶は亜熱帯植物であり、北緯45度以南、南緯45度以北の国で栽培されています。国際的には「茶」といえば、通常は紅茶のことを指します。実際、生産量を見ると、紅茶は約340万tで全体の55%を占めます。次いで緑茶が約197万tで32%、烏龍茶などその他の茶が約79万tで13%になります。

世界の茶生産量の内訳（2019年）

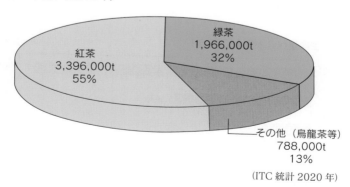

紅茶
3,396,000t
55%

緑茶
1,966,000t
32%

その他（烏龍茶等）
788,000t
13%

（ITC 統計 2020 年）

世界の茶の栽培面積ベスト5は、中国、インド、ケニア、スリランカ、ベトナムの順で、中でも中国が群をぬいてトップの広さを誇ります。生産量はアジア地域が87%を占めています。中国、インド、ケニア、スリランカ、トルコが生産量ベスト5で、以下ベトナム、インドネシアと続き、日本は10番目になります。

　意外に思うかもしれませんが、生産量トップの中国で作られている茶は半分以上が緑茶です。緑茶のみの生産量は、多い順に中国、ベトナム、日本、インドネシア、インド、台湾となっています。

　それ以外の上位国で作られているのは紅茶がほとんどですが、最近、世界的に緑茶の健康効果が注目されるに従って、インドやケニアという紅茶生産国でも緑茶を生産し始めています。今後の動向に注目したいところです。

世界の茶栽培面積ベスト5（2019年）

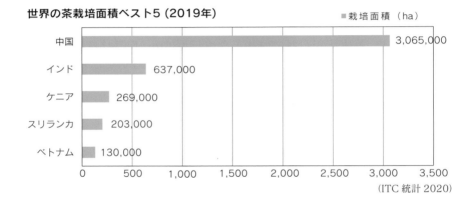

(ITC 統計 2020)

世界の茶生産量ベスト5（2019年）

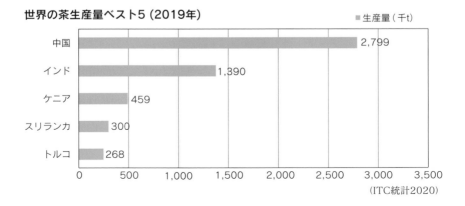

(ITC統計2020)

　では、緑茶や紅茶、烏龍茶を合わせて、茶を一番多く飲んでいる国はどこでしょうか。茶の消費量を国別に見ると、中国が断然多く、次いでインド、トルコ、CIS諸国*、パキスタン、アメリカと続きます。紅茶好きで有名なイギリスは7位、日本は8位になります。

* CIS諸国　ロシア、モルドバ、アゼルバイジャン、ベラルーシ、カザフスタン、アルメニア、ウズベキスタン、キルギス、タジキスタン

　一方、1人当たりのお茶の消費量で見ると、顔ぶれがガラッと変わってきます。トルコ、リビア、モロッコ、アイルランド、イギリスをベスト5に、香港、中国、カタール、スリランカと続きます。このように上位は中近東やアジアの国々が占めています。その中で日本は23番目に位置しています。中近東の国々で軒並みお茶の消費量が多いのは、イスラム諸国では原則飲酒が禁止されていることが関係していると思われます。

　このように、茶は世界的飲料として生産国のみでなく、広く世界の国々で飲まれています。

　輸出量はケニアや中国、スリランカ、インド、ベトナムなどの生産国で多く、輸入量はCIS諸国やパキスタン、アメリカ、エジプト、イギリスなどの非生産国が上位を占めます。

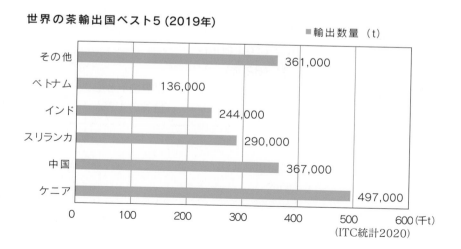

世界の茶輸出国ベスト5 (2019年)

■輸出数量（t）

国	輸出数量
その他	361,000
ベトナム	136,000
インド	244,000
スリランカ	290,000
中国	367,000
ケニア	497,000

（ITC統計2020）

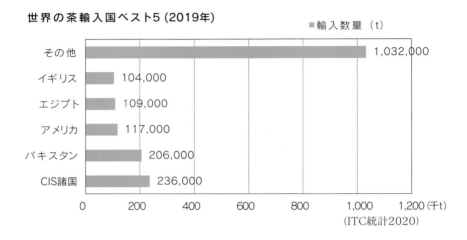

世界の茶輸入国ベスト5 (2019年)

■輸入数量（t）

国	輸入数量
その他	1,032,000
イギリス	104,000
エジプト	109,000
アメリカ	117,000
パキスタン	206,000
CIS諸国	236,000

（ITC統計2020）

参考までに2019年の世界における日本の「茶ランキング」の順位を以下に挙げておきます。

茶栽培面積	12位（40,600ha）	世界の0.8%
生産量	10位（77,000t）	世界の1.2%
緑茶生産量	3位（76,000t）	世界の3.9%
国別消費量	8位（104,000t）	―
1人当たりの消費量	23位（820g）	―
茶の輸入量	15位（32,000t）	世界の1.8%
茶の輸出量	18位（5,200t）	世界の0.3%

第 8 章
お茶の歴史と文化

●お茶の歴史年表

時代	西暦	内容	人・記録
（中国）	BC2800頃？	神農 山野を駆け巡り、野草を試食したと伝えられる	神農 人とお茶の出会い
	BC59	『僮約』に世界最古のお茶の記録が記されている	前漢 王褒
	AD760頃	陸羽 お茶の専門書『茶経』を著す	唐 陸羽
弥生時代	239	魏に使者を送る	卑弥呼 『魏志倭人伝』
飛鳥時代（538～）	538頃	仏教伝来する	欽明天皇（509～571）・百済の聖明王 『元興寺縁起』
	607	遣隋使を送る	小野妹子
	630	第一回遣唐使を送る	
	645	大化の改新	
奈良時代（710～）	729	行茶（引茶）の儀式が行われたという	聖武天皇（701～756）『公事根源』
	748	東大寺はじめ多くのお寺に茶の木を植えたという	行基（668～749）『東大寺要録』
平安時代（794～）	805	最澄 茶の種を比叡山山麓坂本に植えたという	最澄（767～822）『日吉社神道秘密記』
	806	空海 唐より茶の種や茶托、茶碾を持ち帰ったという	空海（774～835）『弘法大師年譜』
	815	永忠が嵯峨天皇に献茶。日本最初の公式な喫茶の記述	永忠（743～816）、嵯峨天皇（786～842）『日本後紀』
	951	大福茶が始まる	空也（903～972）、村上天皇（926～967）
鎌倉時代（1185～）	1191	栄西帰国、茶の種を筑前脊振山などに播種したという	栄西（1141～1215）『元亨釈書』など
	1207	明恵、栄西から茶の種を贈られ、栂尾高山寺境内に植えたという	明恵（1173～1232）『梅尾（栂尾）明恵上人伝記』
	1211	栄西 日本最古のお茶の専門書『喫茶養生記』を執筆	
	1214	栄西 将軍源実朝にお茶と『喫茶養生記』を献呈する	源実朝（1192～1219）『吾妻鏡』
	1235～	道元 『永平清規』執筆を始める 茶礼の基礎となる	道元（1200～1253）

時代	西暦	内容	人・記録
鎌倉時代 (1185〜)	1239	西大寺で大衆に振る舞う大盛茶が始まる	叡尊(1201〜1290)
	1241	聖一 『東福寺規則』に茶の湯の原形となる茶礼をまとめる	聖一国師(1202〜1280)
	1320頃〜	本茶と非茶を当てる闘茶が盛んになる	
室町時代 (1336〜)	1336	「建武式目」を制定　闘茶が規制される	足利尊氏(1305〜1358)
	1378	諸国に茶園の育成を促す	足利義満(1358〜1408) 『山城名勝志』
	1403	東寺南大門前に一服一銭のお茶売りが出現する	『東寺百合文書』
	1450頃〜 1600頃	茶道の大成者の登場	
		茶禅一味の侘び茶を創始	村田珠光(1423〜1502)
		茶禅一味を継承	武野紹鷗(1502〜1555)
		茶の湯を大成	千利休(1522〜1591)
		大名茶の確立	古田織部(1544〜1615)
	1517	ポルトガル人、広東で初めて茶を知ったといわれる	『栽茶与製茶』
	1543	ポルトガル人種子島に上陸し、鉄砲を伝える	『南浦文集』
安土・桃山時代 (1568〜)	1580頃	茶道の政治への利用 織田信長の茶器名物狩り	織田信長(1534〜1582)
	1582	本能寺の変おこる	
	1585	天皇が初めて茶会に臨席する	正親町天皇(1517〜1593)
	1587	北野の大茶会が催される	豊臣秀吉(1537〜1598)
	1591	千利休　自刃する	
	1600	関ヶ原の戦い始まる	
江戸時代 (1603〜)	1609	オランダ東インド会社、商館を平戸に開設する	
	1610	オランダ東インド会社、日本茶を輸出する	

時代	西暦	内容	人・記録
江戸時代 (1603〜)	1615	大坂夏の陣おこる	
	1616	幕府、宇治採茶使を任命する	
	1632	お茶壺道中が始まる	徳川家光（1604〜1651）
	1639	この頃から本格的に鎖国政策が始まる	
	1661	隠元禅師　禅とお茶を一体化　宇治に黄檗山萬福寺を開山する	隠元（1592〜1673）
	1697	宮崎安貞　『農業全書』に茶の振興を記述	宮崎安貞（1623〜1697）
	1735	京都東山に茶店「通仙亭」を設ける	売茶翁　（1675〜1763） 煎茶道中興の祖
	1738	蒸し煎茶を考案する	永谷宗円　（1681〜1778） 煎茶の祖
	1773	ボストン茶会事件おこる	
	1835	玉露を考案する	山本嘉兵衛（徳翁）
	1853	ペリー艦隊浦賀に来航 この頃「喜撰茶」流行する	
	1858	「日米修好通商条約」が締結され、お茶の輸出が始まる	大浦慶（1828〜1864）
明治時代 (1868〜)	1868	明治維新	
		有力茶商が誕生する	大谷嘉兵衛（1845〜1933）
	1869	牧之原台地の開拓が始まる	中條景昭（1827〜1896）
	1874	政府、紅茶製造を奨励する	多田元吉（1829〜1896）
	1883	アメリカの「贋茶輸入禁止条令」に伴い、全国に茶業組合が設立される	
	1896	粗揉機が発明される	高林謙三（1832〜1901） 製茶機械発明の功労者
	1899	清水港が輸出港として開港される	
	1906	『茶の本』が出版される （日、英、独、仏語で出版）	岡倉天心（1863〜1913）
	1908	「やぶきた」が選抜される	杉山彦三郎（1851〜1941）

時代	西暦	内容	人・記録
大正時代 （1912〜）	1915	茶摘採用手鋏が発明される	内田三平（1879〜1950）
昭和時代 （1924〜）	1937	日中戦争おこる	
	1945	第二次世界大戦が終結する	
	1947	お茶の輸出がアメリカ向けに4,372tとなる	
	1954	戦後最高の輸出量17,178tとなる	
	1960	緑茶輸入が自由化となり、競争の時代になる	
	1966	緑茶輸入量が輸出量を上回り、輸入3,079t、輸出1,883tとなる	
	1972	防霜ファンが実用化する	
	1975	茶業最盛期。荒茶生産が戦後最大の105,500tとなる	
	1980	茶栽培面積が戦後最大の61,000haとなる	
	1980	烏龍茶の輸入が急増する	
	1982	緑茶缶ドリンクが初めて市販される（駅弁用）	
平成時代 （1989〜）	1990	緑茶ペットボトルの市販が始まる	
	1999	日本茶インストラクター制度が発足する	
	2001	初の世界お茶まつり開催される（以降3年毎に開催）	
	2005	緑茶飲料の生産量が260万kLになる	
	2006	地域団体商標制度の導入	
	2010	静岡を中心に大凍霜害発生	
	2014	日本茶輸出促進協議会設立	
	2018	日本茶輸出額153億円達成（輸出量5,100t）	

8章

お茶の歴史と文化

古代のお茶

日本でお茶が飲まれるようになったのはいつ頃なのでしょうか？
日本のお茶の起源をさまざまな資料から見てみましょう。

🌱 日本最古のお茶の記録

中国の神話の世界では、今から5,000年前に神農が初めて茶を口にしたとされています。

史料としては、紀元前59年、王褒の『僮約』という使用人との一種の労働契約書に、「茶*を烹る」「武陽に茶を買う」と書かれているのが世界で最も古い茶の記録です。中国では、少なくとも約2000年前から茶が売られており、おそらくそれよりもずっと以前から、茶が飲まれていたと考えられます。

では、その中国から日本に茶が伝わったのはいつ頃なのでしょうか。日本において茶に関する最も古い記録は、日本で三番目に作られた正式の歴史書である『日本後紀』にあります。弘仁6（815）年4月22日（旧暦）、嵯峨天皇一行が行幸の途中で近江（滋賀県）の梵釈寺に立ち寄った時に、大僧都永忠がお茶を献じたと書かれています。

永忠（743 〜 816）は、奈良時代末期に唐に渡り、30年あまりを唐で過ごして喫茶法も学んだとされる僧侶です。延暦24（805）年に帰朝した後、桓武天皇の勅命で梵釈寺の住職となり、そこへ嵯峨天皇一行がおいでになったので、お茶を煎じて献上したのです。お茶を気に入った嵯峨天皇は、早速、同年6月には、大和、山城、摂津、河内、和泉の畿内や近江、丹波、播磨などでチャを栽培させ、毎年献上することを命じました。

760年頃、中国では陸羽によって『茶経』が著され、茶は高度な文化的存在としての地位を確立しました。

チャの栽培は、鎌倉時代の初め（1191年）に栄西禅師（「えいさい」ともいう）

が中国からチャの種を持ち帰ったことから始まるといわれていますが、その前から日本にはチャがあったことがわかります。

* 史料では「茶（ト）」と書かれている。唐の時代に茶の字が成立する以前に茶を意味する文字として使用されていたと考えられている。

奈良・平安時代のお茶

『日本後紀』の記録は平安時代初期のことですが、正倉院文書や木簡に見える「茶」をチャであると解釈すれば、奈良時代後期には茶が伝来していたとも考えられます。

では、この時代に飲まれていたお茶は、どのようなものだったのでしょうか。当時、唐では「餅茶」（固形茶）が飲まれていました。餅茶とは、生葉を蒸して臼で搗いて餅状に固めたもので、飲む時に必要な分だけ切り取って火で焙り、薬研で砕いて粉末にし、塩を加え釜で煎じて飲みます。この餅茶が、日本に最初に渡来した茶だと考えられています。

しかし、餅茶は日本人の好みに合わず、作り方も複雑だったためか、その製茶技術は普及しませんでした。折しも寛平6（894）年、遣唐使が廃止されたこともあり、餅茶は衰退していったものと考えられています。もっとも、当時の日本において餅茶が作られていたという記録はありません。ですから、その当時の茶がすべて餅茶であったのではなく、生葉を蒸して乾燥させただけの簡易な茶を煎じることが多かったと考えられます。

餅茶

大福茶の起源

　関西地方では、古くから正月に「大福茶」を飲む習慣があります。大福茶とは、お茶に梅干などを入れたもので、正月の他、結婚式などおめでたい席で供される縁起物です。この大福茶の由来は、千年あまり前の平安京にまでさかのぼります。天暦5（951）年春、京の都で疫病が大流行しました。時の村上天皇は、六波羅蜜寺の空也上人（903～972）に疫病平癒のための祈祷調伏をさせましたが、なかなか効果が見られませんでした。

　そこで、空也上人は十一面観音像を安置した台車にお茶と梅干を積み、京の市中に繰り出し、お茶に梅干を入れて病に苦しむ人々にふるまったところ、疫病は次第に下火となりました。この功徳にあやかり、村上天皇は正月元旦にこのお茶を服するようになったといわれます。そんなことから、この梅干の入ったお茶が「王服茶」「皇服茶」と呼ばれるようになったのです。

　後に、この習慣が一般庶民にも広まり、「大福茶」という文字が当てられて今日にまで伝えられています。六波羅蜜寺では、毎年、正月三が日に参拝客に大福茶をふるまっており、古の伝承を今に伝えています。その大福茶を飲むと、千年前の不思議な功徳にあやかれるような気がしますね。

　なお、茶に乾燥果実などを加える飲み方は中国にも古くから見られますが、大福茶は日本独自の意義付けがなされたものです。

大福茶

中世のお茶 1

鎌倉幕府の幕開けと共に、日本のお茶文化にも新しい時代が訪れました。それをもたらしたのは栄西と明恵の二人の僧侶です。

🌱 栄西が記した日本最古の茶書

　鎌倉時代初期の建久2（1191）年、栄西禅師（1141〜1215）が宋から帰国しました。この栄西こそ、日本のお茶の歴史に大きく貢献した人物に他なりません。

　栄西は2度の渡宋により臨済禅を学んで帰国し、臨済宗を開きました。この時にチャの種子を持ち帰り、筑前（福岡県）の脊振山にチャを栽培したのが、日本のチャ栽培の起源だと言い伝えられてきました。

　しかし、先に述べたとおり、鎌倉時代にはすでに各地でチャが栽培されていました。また、栄西が持ち帰ったというチャは、種子だったか、苗だったかという論争がありましたが、実験によればどちらも可能だったとされています。

　では、栄西の功績とは何なのでしょうか。それは、留学時に宋で流行していた抹茶法を持ち帰り、京都や鎌倉にお茶が広まるきっかけを作ったことです。これが後に日本を代表する文化としての茶の湯へと発展していきました。栄西は、建仁2（1202）年、源頼家から寺域を与えられて京都に建仁寺を建立しました。その後、高山寺の明恵上人にチャの種を贈ったことから、京都にチャの栽培が広まりました。また、鎌倉に寿福寺も開山しており、東国にもお茶を広めるきっかけを作ったともいわれています。

　もうひとつの大きな功績は、日本最古の茶書『喫茶養生記』を著したことです。承元5（1211）年、栄西71歳の時に完成した『喫茶養生記』は、元々医学書として書かれたもので、薬としてのお茶の効能を述べています。なお、この本にはお茶と同じくらいの量で桑の葉の効用についても書かれています。

喫茶養生記（復刻版）

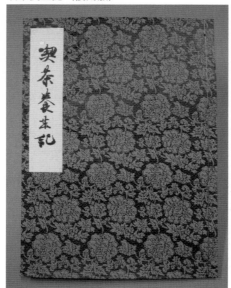

栄西禅師像

（建仁寺 所蔵）

170

🌱 宇治茶の始まり

　日本を代表する銘茶といえば京都の「宇治茶」ですが、その発展に栄西が関わっています。

　中国から帰国した栄西は、栂尾にある高山寺（京都市右京区）の住職・明恵にチャの種子を贈りました。明恵が栂尾に播いた種子が生長して、茶畑になりました。これが、後に「天下一の茶」と呼ばれる栂尾茶に発展して行くのです。

　この栄西と明恵の有名なエピソードは、『梅尾（栂尾）明恵上人伝記』に記されています。栄西と明恵、そして栂尾茶の関連は、長年、伝説の域を越えることができませんでしたが、明恵が高山寺でチャを栽培していたことを示す史料の存在が確認されたことから、信憑性が高まっています。

　また、明恵は栂尾のチャから種子をとり、宇治の五ケ庄大和田の里（現在の宇治市五ケ庄西浦）に播いたと伝えられ、これが宇治茶の発祥とされています。後世、これを記念して、黄檗山萬福寺（宇治市五ケ庄）山門前に歌碑が立てられました。そこに刻まれている以下の歌は、明恵指導のもと茶畑に馬を歩かせて、その蹄の跡に茶の種を播いたことを詠んだ明恵の作で、駒蹄影園碑と呼ばれています。

　　栂山の　尾上の茶の木分け植えて　迹ぞ生ふべし駒の足影　　　明恵

黄檗山萬福寺の歌碑

鎌倉時代の喫茶法

　鎌倉時代には、それまでの茶を煮出して飲む方法に加えて、上流階級では「抹茶法」が主流となりました。抹茶法は、「碾（てん）」と呼ばれる薬研や臼を使って茶を細かく砕き、沸かした湯の中に入れてかき混ぜて飲む方法です。現在の抹茶に近い作り方ですが、抹茶ほど細かい粉末状にはならなかったものと思われます。

　抹茶法は、栄西が留学した中国南宋からもたらしたものですが、禅僧たちの間で、修行中に襲ってくる睡魔を抑え、精神を集中させるために抹茶を用いる習慣が広まり、禅宗の布教と共に普及したといわれています。

　実は、抹茶法は栄西の帰国よりも前に日本に伝わっていたことが、九州から出土した天目茶碗などの出土品からわかってきました。しかし、その後の日本文化に与えた影響という面から見れば、栄西が日本の抹茶法の始祖であるという評価はゆるがないでしょう。

薬研

（港区立 港郷土資料館所蔵）

172

中世のお茶 2

鎌倉時代末期から室町時代にかけて、お茶は公家・武家社会に広まり、文化の形成と強く結びつきました。そんな中、茶の湯の原型が台頭し始めます。

🍵 会所の茶

　鎌倉時代末期には、寺院だけでなく、貴族や武士層にも喫茶の習慣が広まります。やがて社交の場として「会所の茶」が流行しました。会所とは接客のための部屋のことで、そこに当時流行していた唐物（中国到来）の絵画や墨蹟、花瓶、香炉などを飾り、唐物の茶道具を使ってお茶を点てるのが習わしでした。それらを鑑賞しながらお茶を飲んだり、和歌や連歌などを詠んだりして会所はさながらサロンのような場だったのです。

　そんな会所の茶が遊興的な「闘茶」に発展し始めるのは、鎌倉時代末期から室町時代初期にかけての頃です。闘茶とは茶歌舞伎や茶寄合とも呼ばれるもので、お茶を飲んでその産地を当てる遊びです。当初は明恵が始祖とされる「栂尾茶」を「本茶」と呼び、他の産地のお茶を「非茶」として識別することから始まりました。当時、栂尾茶は「天下一の茶」として珍重されていたのです。

　南北朝の動乱期になると、闘茶はより遊興的な色彩が濃くなり、酒や食事を持ち込んだり、賭け事が行われたりしました。建武3（1336）年、室町幕府の初代将軍足利尊氏が「建武式目」で闘茶を禁止したことからも、その狂乱ぶりがうかがえます。

　闘茶の席では抹茶が使用されましたが、当時の寺院では茶を煎じて飲むことも多かったようです。また、明確な記録はありませんが、庶民の間でも煮出して飲む番茶が飲まれていたと推定されます。

 ## 一服一銭の茶

　15世紀の初頭、京都の東寺南大門の門前に簡単な小屋をこしらえて、寺参りの人たちに僧がお茶を点てて一服一銭で商いを始めました。

　お客は床几に座って何人もがお茶を飲むことができたようです。やがて、これを商いにする商人も現れ、東寺が商人に提出させた請文（誓約書）が残っています。日本の「喫茶店」の始まりかもしれません。

　陸羽の『茶経』に、湯の中に入れる茶の適量を量るのに「一寸（3cm）四方の匙を用いる」とあり、日本では一文銭の大きさの匙を使いました。一服一銭のいわれは、一銭さじ一杯分の抹茶の量で点てたお茶の値段から来ています。

　寺院の門前に小さな茶屋が並び、参詣者が茶を飲んでいる姿は中世の絵画にしばしば見られます。こうした門前の喫茶は、僧侶が茶を薬用として施したためか、あるいはお清めや先祖供養といった信仰的な意味もあったのではないかと考えられます。

一服一銭の図絵

（「職人尽歌合」 狩野晴川・勝川(模)東京国立博物館所蔵）

🍵 侘び茶の発展

　室町幕府第8代将軍足利義政（1436〜1490）の時代に頂点を極めた東山文化は、公家風の伝統文化の要素と中国伝来の「禅」の精神に基づく簡素さを取り入れた和漢融合の文化です。この頃の会所の茶は、とかく奔放になりがちだった闘茶に対して、侘・寂・幽玄を精神的な基調としていました。

　そんな中、「侘び茶」の始祖とされる村田珠光（「しゅこう」ともいう／1423〜1502）が登場します。珠光は茶と禅の精神の統一を主張し、侘・数寄の理念に基づいて、いわゆる「四畳半の茶の湯」を完成させました。それま

での茶会が唐物の趣味を反映した鑑賞の場であったのに対して、珠光の侘び茶は心の静けさという精神面を求めたところに斬新さがありました。

　この侘び茶の精神は、堺（当時大阪の一大商業都市）の豪商の家に育った武野 紹 鷗（1502 ～ 1555）に引き継がれます。紹鷗はその財力と数寄者*ぶりにまかせ、茶道具などを大量に集め、唐物趣味だった茶室を日本人の美意識に沿った新しい形にしつらえました。これにより、茶の湯の原型がおおむね整えられました。

　天文年間（1532 ～ 1555）、紹鷗が体裁を整えた茶の湯は、堺を中心に商人たちにも広まっていきました。日常から離れた憩いの場として茶の湯が受け入れられていったのです。その紹鷗の門下からは、今井宗久、津田宗及、そして千利休が輩出します。やがて彼らは、時の権力者のもとで、茶の湯を取り仕切る役目に就くことになります。

＊　芸道に心をひかれて強いこだわりをもつ人

村田珠光

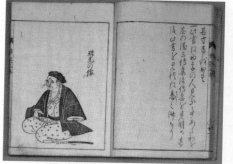

（「茶之湯六宗匠伝記」今日庵文庫所蔵）

武野紹鷗像

（堺市博物館内）

中世のお茶 3

安土桃山時代、千利休の登場で茶の湯は茶道として大成しますが、一方で権力者たちによって茶の湯は政治に利用されるようになります。

🌱 千利休の登場

　千利休（宗易／ 1522 ～ 1591）は、茶の湯を紹鷗に学び、16歳にして茶会を主宰した後、織田信長（1534 ～ 1582）の「茶頭」を務めました。茶頭とは安土桃山時代から登場した役目で、将軍家や諸大名に仕え、茶の湯の準備や座敷の飾り付け、美術品の鑑定・購入などを担当する責任者のことです。

　天下統一を目指す信長は茶の湯を愛好したといわれていますが、由緒ある茶道具を徴収（名物狩り）して権力を誇示するなど、政治にも利用しました。天正10（1582）年、信長が明智光秀に討たれた後、利休は豊臣秀吉（1537 ～ 1598）の茶頭として重用され、茶人としての地位を高めていきます。天正13（1585）年、秀吉は関白となり、御所（禁中）で天皇や親王を招いた茶会を催しました。この茶会で、利休は正親町天皇に茶を献じて、利休居士の号を与えられ、天下一の茶匠と認められるに至りました。これは天皇が初めて公式に茶の湯の席に入ったものとされ、茶の湯が商人や武将たちだけでなく、公家の世界にも広がっていくきっかけになったといわれます。

　利休は、高い精神性で茶の湯を侘び茶として大成し、多くの弟子を育てました。しかし天正19（1591）年、秀吉との間に齟齬が生じて切腹を命じられ、70歳の生涯を閉じました。千利休の目指した侘び茶の精神は、その後も脈々と受け継がれ*、江戸時代になってから「茶道」といわれるようになりました。

　＊利休の子孫は裏千家・表千家・武者小路千家（総称して三千家と呼ばれる）となり、代々受け継がれて今に続いています。

千利休

（堺市博物館所蔵）

「一期一会」とは？

　茶の湯の心構えや真髄を表した言葉で「どんな茶会でも生涯一度限り
の茶会と心得て、真剣に真心を尽くして対峙せよ」との意味を込めてい
ます。千利休の第一の弟子である山上宗二（1544～1590）が書き
残した『山上宗二記』には、道具開き、口切から茶会を終えて路地に出
るまで、「一期二度ノ会ノヤウニ」すべきであると述べられています。

　実は、「一期一会」という言葉に茶の湯の本質を示す深い意味を持た
せたのは、彦根藩主井伊直弼（宗観）です。大老として桜田門外の変に
より暗殺された井伊直弼ですが、「独座観念」という言葉を用いて個人
の内面に深く沁み込むような茶の湯のありようを考えた、幕末における
最も優れた茶人でした。

🌱 茶の湯と秀吉

　安土桃山時代に茶の湯が大成されたのは、秀吉という権力者の存在があったからといえます。秀吉は信長以上に茶の湯を政治的に利用しました。

　先の禁中茶会が良い例ですが、中でも歴史的なのは、天正15（1587）年10月1日に開催された京都北野天満宮の大茶会です。身分に関わらず、すべての茶人に参加を呼びかけたため、当日は茶屋が1,500席並んだとされるほどの大茶会となりました。秀吉自らも、数百人に茶を点てたといいます。この大茶会は同年6月、島津氏（九州）を支配下に治め、ほぼ天下統一を成しとげた秀吉が、世間に広く権力を誇示するのが目的だったといわれています。

　この北野大茶会で、「天下に名高い名物」と宣伝し展示していたのが、有名な「黄金の茶室」です。黄金の茶室は、天正13（1585）年に作られたもので、組み立て式で移動できるため、重要な茶会などに運んでは披露されていました。天井、壁、障子の骨から茶道具まですべて黄金で作られているまさに黄金の茶室でした。

　この大茶会を取り仕切ったのが、千利休、そして同門の今井宗久と津田宗及でした。茶の湯という文化を広めると共に、秀吉の力を見せつけるのに絶好の機会だったことは想像に難くありません。

豊臣秀吉

（『古画類聚 豊臣秀吉像』松平定信編 東京国立博物館所蔵）

近世のお茶

江戸時代、有力な商人たちの台頭により茶産業は著しく発展します。また、日本史上、初めてお茶が輸出されました。

🌱 茶産業の発展

　江戸幕府が開かれた後、茶の湯は幕府の儀礼に取り入れられ、武家社会に定着していきました。そんな中、多くの大名に茶の湯を指南する「大名茶人」として活躍したのが古田織部（1544～1615）です。織部は信長・秀吉に仕え、利休に師事しましたが、江戸幕府が開府した後は、駿府（静岡市）に出向いて家康に点茶を行ったり、2代将軍秀忠に茶法を伝授したりして、大名茶人としての地位を固めました。

　この頃には、各地で茶を現物年貢として徴収した記録が見られます。たとえば、駿河（静岡県）では、山間部の村からお茶と紙が納入されています。紙は上等の茶を乾燥させる焙炉に不可欠ですから、商品として売買されるほど良質の茶が広く生産されていたことがわかります。

　九州地方では、15～16世紀にすでに嬉野茶（佐賀県）が知られており、元禄年間（1688～1704）に「青柳」の名前が誕生しました。特に宇治茶は15世紀から栂尾茶を超える銘茶と評価されて、一大ブランドを形成していました。

　明から渡来した禅僧・隠元（1592～1673）が、万治3（1660）年、宇治の萬福寺で唐茶とよばれた釜炒り茶を作り、日本におけるお茶の普及に貢献しました。

　江戸時代には、問屋・仲買・小売商などの茶流通業も発達し、全国各地に流通の拠点である「茶町」が誕生しました。元禄10（1697）年発刊の『本朝食鑑』には、「近時江東（江戸）の俗習に、常に朝飯の前に先ず煎茶を数碗飲むが、これを朝茶といい、婦女が最もよく嗜しなんでいる」という記述がある

ように、都市の庶民の間にも喫茶の習慣は定着していたようです。

　また、臨済宗・曹洞宗を修めた高僧月海、またの名を高遊外（1675～
1763）が「売茶翁」と名乗り、享保20（1735）年に京都の鴨川の橋のたも
とに通仙亭を開き、お茶売り業を始めました。「茶銭はくれ次第、ただ飲みも
勝手、ただよりまけ申さず」と自製の煎茶道具を持ち運び、皆にお茶を楽しむ
心を広め、煎茶道の始祖と言われるようになりました。

　ただし、庶民が飲んだお茶は釜炒り製法の茶だけでなく、もっと簡便な製法、
つまり蒸した葉を天日で乾燥させただけのものも多かったのです。このような
地域によっていろいろな製法で作られていたお茶を番茶といい、煎じて飲んで
いました。番（晩）茶という言葉は戦国時代末期のポルトガル人の記録に、庶
民が煮出して飲む普通の茶として登場します。しかも、番茶はそのまま飲むだ
けでなく、塩を加えて茶筅で泡立てて飲むという、抹茶とよく似た「振り茶」
も広く行われていました。

　ところが煎茶道の広がりなどにより、抹茶以外にも高級茶に対する需要が高
まり、そうした声に応えるように現在私たちが飲んでいる煎茶の製法が開発さ
れることになったのです。それにともなって煎茶という文字の読み方も、「せ
んじちゃ」から「せんちゃ」へと変わっていきました。

🍵 煎茶と玉露の誕生

　お茶の製法は全国各地にいろいろと伝わっていましたが、京都では早くか
ら碾茶（これを茶臼等で挽いたものが抹茶）が作られており、16世紀後半に
は覆下栽培（被覆栽培のこと）も誕生していました。覆下栽培は、「御茶師三
仲ヶ間」にのみ許されていた栽培方法で、三仲ヶ間とは、御物御茶師・御袋御
茶師・御通御茶師という三役職のことです。これを受け継ぐ家にのみ、覆下
栽培、つまり抹茶作りの特権が与えられていたのです。そんな中、宇治に新し
いお茶の製法をもたらしたのが永谷宗円（1681～1778）です。宗円はそれ
までの釜炒り製法や碾茶製法に創意工夫を加え、元文3（1738）年、新しい
煎茶の製法を考案しました。新芽を蒸すことで、お茶が鮮やかな緑色になり、
味と香りも格段に良いお茶が誕生しました。これが江戸の茶商・山本屋（後の
山本山）の山本嘉兵衛から絶賛され、以降、永谷家と山本屋は永きにわたって
取引を続けることになります。宗円は煎茶の祖として崇められ、没後、その功
績をたたえられて茶宗明神社（京都府宇治田原町）に祀られました。宗円が開
発した煎茶製法は茶に高い付加価値をつけることになり、茶産地では競ってこ
の製法を学びました。その結果、茶が地域産業、つまり「茶業」として発展し

ていく背景となりました。

　天保6（1835）年には、山本屋6代目山本嘉兵衛（徳翁）が碾茶用の新芽から「甘露の味がする」と評されたお茶を作り上げ、このお茶は「玉露」と名付けられました。玉露の製法は煎茶と変わりませんが、摘採までは碾茶とまったく同様に被覆して育てるため、味も香りも優れた高級茶として珍重されるようになりました。

永谷宗円

（永谷宗園茶店所蔵）

 ## 御茶壺道中とは？

　わらべ歌「ずいずいずっころばし」に「茶壺に追われてトッピンシャン、抜けたらドンドコショ」という歌詞の茶壺とは何のことでしょうか。

　寛永4（1627）年、江戸幕府第3代将軍家光は、御茶師三仲ヶ間の筆頭であった上林家（かんばやし）に命じて、朝廷に献上するお茶と将軍家用の高級茶を作らせました。以降、毎年新茶の時期に宇治から江戸へお茶が運ばれるようになり、寛永9年頃から、これが「御茶壺道中」という儀式になりました。行列は空の茶壺と共に江戸を出て、東海道を京都に向かい、宇治で碾茶を茶壺に詰めた後、中山道、甲州街道を通って江戸に向かいました。途中、茶壺を山梨県の谷村（やむら）に保管して夏を過ごさせ、3カ月後に江戸に入りました。

　御茶壺道中は将軍通行に匹敵するほどの権威を持った儀式でした。茶壺を持った使者が仰々しい行列を伴って通る時には、諸国の大名行列さえも道を空け、庶民は顔を上げられなかったといいます。

　また、新茶の季節には宇治橋のたもとに、「御物御茶壺出行無之内は新茶出すべからず」（朝廷と将軍に御茶壺を進献するまでは新茶の売買を禁じる）という高札が掲げられました。お茶壺道中の制度は、慶応3（1867）年まで実に約240年間も続きました。

　先の歌は御茶壺道中が通る時の畏怖心と、通りすぎた後の安堵感を歌ったものだったのです。たかがお茶のためにと思ってしまいますが、将軍と宇治茶の権威付けに役立つ儀式だったことは間違いないでしょう。

🌱 お茶の輸出のはじまり

　慶長14（1609）年にオランダ東インド会社が長崎の平戸に商館を開設し、ここを拠点に日本との貿易を始め、慶長15（1610）年、日本のお茶が初めてヨーロッパに輸出されました。江戸時代になると日本は鎖国政策をとっており、唯一、長崎の出島だけが西欧に向かって開かれていました。

　中国からヨーロッパに大量の茶が輸出されるようになると、製茶された茶だけでなく、植物としてのチャについても関心が高まりました。オランダ商館を通じて来日した外国人の中で、ドイツ人医師のシーボルトは茶について本格的な研究をしただけでなく、実際のサンプルを持ち帰り、現在もそれらがオランダの博物館に保管されています。

　日本が嘉永6（1853）年のペリーの浦賀来航を契機に翌年に開国すると、元々茶に深い関心を持っていたアメリカやヨーロッパ向けに、正式に茶が輸出されるようになります。この頃、黒船来航で騒然とする世相を詠んだ有名な狂歌があります。　　*泰平の眠りを覚ます上喜撰、たった四杯で夜も眠れず（作者不詳）*

　この「上喜撰」は、当時人気を博していた「喜撰茶」と「蒸気船（アメリカの軍艦）」をかけた言葉です。また、「たった四杯で夜も眠れず」というのは、お茶の目覚まし効果と来航した「四隻の軍艦」に慌てふためく様を諷したものです。　実に言い得て妙の狂歌です。

　安政6（1859）年には、生糸と共にお茶も重要な輸出品として181tが輸出され、日本の茶業の大きな転換期となりました。また同じ年、長崎の女性貿易商・大浦慶（1828 ～ 1884）は、1万斤（約6t）もの嬉野茶をはじめ、九州一円の釜炒り茶を集めて輸出しました。以降、お茶の輸出は軌道に乗り、日本の輸出品目の柱となっていきます。

黒船図（下田了仙寺所蔵）

近代のお茶

明治維新はお茶の世界にも大きな変化をもたらしました。急増する
お茶の輸出需要に応え、お茶産業は近代化の道をたどりました。

❤ お茶の輸出の隆盛

　安政5（1858）年、日本が日米修好通商条約を締結したことで、茶産業は
大きな転換期を迎えました。それまで地方ごとに小規模かつ粗放な製法で作ら
れていたお茶が、世界市場への進出を機に上級の煎茶へと転換されていきます。
財政難に陥っていた諸藩の中には、本格的に蒸し製による製茶技術の導入に取
り組むところが出てきました。また、旧来の産地でも、下総の国（茨城県猿島
郡周辺）の猿島茶の中山元成や野村佐平治などの優れたリーダーが現われ、地
域の茶業振興に尽力しました。

　明治初期には、輸出総額の約60％を生糸が占め、次いでお茶は約20％と大
きな割合を担っていました。政府は外貨獲得のためにお茶の輸出促進を図り、
生産者もこぞって輸出を狙いました。明治後期の輸出量は実に2万tに達しまし
たが、これは国内生産量の約60％に当たります。お茶は、明治維新を機に日
本の輸出を支える花形産業に成長していったのです。

　当初、輸出は横浜港を中心に、通商条約で定められた「開港場」の外国商館
を経由するしかなく、外国人は居留地からの移動が制限されていたため、お茶
の仕入れは「売込み商」と呼ばれる商人が担当していました。そんなお茶の売
込み商・大谷嘉兵衛（1844 ～ 1933）は、横浜の外商スミス・ベーカー商会
に雇われてお茶の仕入れを担当した後、明治元（1868）年に独立し、明治20
年前後には横浜最大のお茶の売込み商となりました。明治27（1894）年、大
谷は日本製茶株式会社を設立します。その頃から日本の直輸出率は少しずつ高
まっていき、関税自主権が完全に回復した明治44（1911）年、直輸出の割合

はようやく60％に到達しました。明治32（1899）年、静岡県の清水港が開港場となったことも、お茶の直輸出の振興に貢献しています。

　大谷は輸出茶の品質管理に努めるなど、お茶貿易の振興に尽力し、日本のお茶産業を牽引する存在となり、茶業組合中央会議所（現・公益社団法人日本茶業中央会）議長などを務めました。

🌱 アメリカ市場と茶業組合設立

　明治期、お茶の輸出先は、実に60 ～ 90％をアメリカが占めていました。しかし、アメリカの茶市場はごく小さく、当時アメリカでは、コーヒーは1人当たり年間約5kg消費するのに対し、茶の消費量は緑茶と紅茶・烏龍茶も含めても400g弱でした。このわずかな茶の市場をインド・セイロン（現スリランカ）・中国・日本が奪い合い、しのぎを削っていたわけです。

　アメリカでは、緑茶は西部から北部、東部にかけて、主に高齢層の農民に好まれました。当時はお茶を湯に入れて煮立たせ、ミルクと砂糖を入れて飲む人が多かったので、「日本茶はそのまま飲みましょう」という広告を出したほどです。

　日本で輸出用のお茶が増産される中、明治16（1883）年、アメリカで粗悪なお茶を排斥するための条令「贋茶輸入禁止条令」が公布されました。当時、日本の一部の悪質業者によって粗悪品が作られ、チェックを受けることなく、幾度も輸出されていたのです。粗悪品は、天日で乾燥させた日乾茶など粗悪な原料を使用したために輸送中に変質したり、木の茎などの異物を混入したり、あるいは土砂を混ぜて増量したものもありました。

　最大の輸出先であるアメリカの信頼を失うことは、日本のお茶業界にとって致命的な損失でした。そこで明治17（1884）年、「茶業組合準則」を発布して不正茶の製造を禁止し、取締所を設置するために各地で組合を結成させました。準則とは一種のひな型で、各地ではこれをもとに地域ごとの規則を作りました。このように、茶産業の組織化を進展させたきっかけはアメリカにあったのです。

　ところで、当時アメリカをはじめ世界で茶といえば、圧倒的に紅茶が普及していました。そのため日本政府は国内での紅茶生産を計画し、明治9（1876）年、多田元吉（1829～1896）らをインドに派遣しました。多田は日本人として初めてアッサムに入り、紅茶の生産・製造法を学び、長年にわたり日本製紅茶の製品化に尽力しました。

　しかし、品質や価格面で諸外国と対抗できるものが作ることができず、政府による日本製紅茶の輸出計画は終息に向かいました。なお、多田が持ち帰った種子が基になって、その後多くの品種が生まれ、育種の上でも多田は大きな功績を残したといえます。

蘭字とは？

幕末から明治にかけて、輸出用の茶箱や茶袋、カートンに使われた商標ラベルのこと。「蘭」は「西洋」、「字」は「文字」を意味し、西洋文字の入った絵票なので「蘭字」と呼ばれました。和紙に木版多色刷りし、絵柄は日本の風俗や風景、西洋の風俗、風景、花・鳥・獣・果物などの博物画、それにファッションや気球、汽車などの当時の最新情報をモチーフとし、浮世絵に携わった絵師や彫り師、摺り師が一丸となって製作に取り組んだものです。日本におけるグラフィックデザインの先駆ともいわれています。

お茶産業近代化への道

明治から大正期にかけて、急増する需要に応えるべく、多くの先人たちがお茶生産技術の近代化に尽力しました。

近代製茶機械の祖といわれるのが高林謙三（1832 〜 1901）です。従来の手揉み製法は、時間と費用がかかる上に労働者の負担が大きく、また必ずしも衛生的ではありませんでした。高林は、外国との輸出競争に勝つためには機械化が必須だと考え、手揉みの技を機械に置き換える工夫を重ね、お茶の製造機を次々に開発しました。明治29（1896）年に完成し、同31（1898）年に特許を取得した粗揉機は、各地に急速に普及しました。

また、茶園では摘採方法の改革も進められました。それまでは株ごとに手摘みしていましたが、効率化を図って畝仕立てが普及し、明治16（1883）年以降、茶樹の表面を均一にする剪枝の方法が工夫されました。それにより、樹形はかまぼこ型に近くなり、手鋏による摘採が可能になりました。

大正4（1915）年に実用新案を得た内田三平（1879 〜 1950）が考案した手鋏は、茅葺屋根の端を切りそろえる大型の鋏がもとになっており、摘採の効率が5 〜 10倍もアップし、労力も軽減され、普及していきました。

手鋏が急速に普及した背景には、日本の近代化が進んで、茶摘みに欠かせなかった女性労働者が他産業に流れて、賃金も高騰したことが挙げられます。

以降、より効率的な動力機械による摘採が一般化するのは、昭和30年代（1950

年代半ば以降）のことです。

　さらに、茶業にとっての大革命となるのが超優良品種である「やぶきた」の誕生です。「やぶきた」を生み出したのは、品種改良の先駆者・杉山彦三郎（1857～1941）です。静岡市郊外に生まれた杉山は、自ら茶園を経営しながら優良品種の発見に努めました。当時、茶園増殖は種を播いて行われていて、その中から優れたチャ樹を見つけ出し、挿し木によって育てた数多くの候補の中から選抜するという方法でした。

　そして明治41（1908）年に、収穫量や品質、耐寒性や耐病性などにおいて非常に優秀な性質を持つチャが実験茶園のヤブの北側で発見されたことから、「やぶきた」と命名されました。

　「やぶきた」は戦後になってから全国の茶園で広く栽培されるようになり、茶業発展の基盤となりました。その功績を讃えて、杉山が選抜した「やぶきた」の原樹が静岡県立美術館の近くに移植され、地元保存会の手厚い管理によって今も元気に葉を茂らせています。

杉山彦三郎翁像（静岡市駿府公園内）

やぶきた原樹（静岡市駿河区谷田）

🌱 大正・昭和初期のお茶

　日本の輸出の花形であったお茶は、明治後期になると衰退の兆しを見せます。その主な原因は、インド・セイロンの紅茶がアメリカ市場でのシェアを伸ばしたことです。また、日本の輸出品の主力が繊維製品などに移行したこともあり、お茶の占める割合は3％前後と少なくなりました。その後、第一次世界大戦による一時的な好転があり、大正6（1917）年には輸出量が約3万tとピークを迎えますが、以降は減少の一途をたどります。

　その一因は、またもや日本のお茶の品質低下にあります。当時、粗雑な摘採

や製造により異物の混ざったお茶が多く、アメリカで不評を買っていました。加えて、戦争景気で物価が上昇し、お茶も高騰したため、ますますインド・セイロンとの競争が厳しくなりました。

　そして昭和初期には、日本のお茶の総生産のうち輸出が占める割合は20％前後にまで落ち込みます。しかし、こうした輸出割合の低下は国内での茶の消費が増えたことにより、生産量が増大したことが要因です。

　輸出向けには明治の早い時期から、中国北部やシベリア向けに磚茶（固形茶）生産が試みられてきましたが、販路をより拡大するためには輸出先の嗜好に応える茶を作る必要がありました。市場調査の結果、中国の釜炒り茶に外観が似ている丸まった蒸し製の茶を開発しました。これがグリ茶です。

　昭和7（1932）年、公募によりグリ茶に「玉緑茶」という名称が付けられました。同時に、形状が似ている釜炒り茶は「釜炒り製玉緑茶」と呼ばれるようになりました。そして、これを輸出品として北アフリカ諸国とアフガニスタンの市場開拓にも努めましたが、軌道に乗る前に日中戦争が勃発しました。次にお茶業界が世界に目を向けるのは、戦後まで待たなければなりませんでした。

明治期における重要輸出品目の輸出総額に対する割合

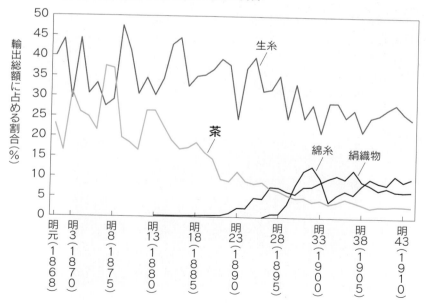

農文協：『茶大百科』（2008）より

牧之原台地開拓史

　静岡県中部の牧之原台地は日本有数のお茶の産地です。現在では青々
としたチャの樹が見渡すかぎり広がっていますが、江戸末期まで、こ
こは作物の育たない荒地でした。明治時代に入り、茶の輸出が始まっ
て需要が増えたので、平坦地にも栽培を広げる動きが出てきました。

　開墾にあたったのは明治維新で職を失った旧幕臣たちです。駿府に
居を移した徳川慶喜の護衛隊200人などがお役御免となり、明治2
（1869）年、中條景昭らに率いられ、刀を鍬に持ち替えて開墾を始め
ました。しかし、不慣れな農作業は遅々として進まず、10年ほど経っ
てようやく収穫ができるようになりました。最後までとどまった中條
景昭らを除いて、多くの旧幕臣たちは出荷額の低迷や設備投資に苦し
み、次々と離農していき、その跡地を地元の農民が引き継いで、今の
ような広大な茶園風景を作りだしたのです。

　また、大井川に橋が架けられたことによって失業した大井川川越人
足たちも、牧之原に新天地を求めて開墾に従事しました。彼らは荒れ
地に水を引き、食糧や日用品を自給する体制をとりました。こうした
農民としての生き方が、必要品は購入すれば良いとした旧幕臣たちと
の大きな差を生み出したともいえます。

　現在の牧之原茶園5,000haのうち、旧幕臣による入植面積は
1,470ha、大井川川越人足によるものは200haを占めています。日本
の全茶園面積の1割ほどを占める牧之原台地の茶園には、こうした多く
の人たちの汗と涙の歴史が秘められているのです。

牧之原台地の茶園

（ふじのくに茶の都ミュージアム提供）

現代のお茶

高度成長期に大きく飛躍したお茶産業ですが、近年、新たなお茶の飲み方が登場し、市場に大きな動きを与えています。

お茶の内需と輸出入

　戦中・戦後の時期、日本では食糧生産が優先されたため、終戦直後の荒茶生産量は21,000〜23,000tと、明治20（1887）年頃の水準にまで落ち込みました。しかし、昭和25（1950）年頃から徐々に生産が活発化しはじめ、それに伴って輸出量も増え、昭和29（1954）年には、荒茶生産量が6万t台に、輸出量が戦後最高の17,000t台にまで回復しました。

　この背景には、連合軍による食糧援助の見返り物資としてお茶が選ばれたことがあります。またアフリカや中東を市場としていた中国で、国民党と共産党による内戦の混乱によって茶の輸出が停滞したため、それに代わって日本の茶が進出したこともありますが、やがて中国の国情安定によって輸出は止まることになりました。

　昭和30年代半ば（1960年代）からは高度経済成長と高級志向があいまって、お茶の国内消費量は増加していきました。生産量は増え続け、輸出は減少しましたが、その減少分を上回るほどに内需が拡大していったのです。

　さらに昭和40年代（1960年代後半）になると賃金の上昇と物価インフレの影響で、国内の日常消費の茶が不足するようになり、緑茶の輸入がスタートしました。昭和41（1966）年には、輸出量1,956tに対して輸入量3,079tと、初めて緑茶の輸入量が輸出量を上回りました。昭和48（1973）年には12,800tの緑茶と8,400tの紅茶が輸入される一方で、昭和50（1975）年にはお茶の生産量が過去最高の105,500tを記録し、お茶業界全体がかつてないほどの活況を呈しました。

　現在では、生産量は7〜8万t前後、消費量は8万t前後で落ち着いています。

輸出量については平成3（1991）年に253tまで落ち込みましたが、世界的な緑茶人気と茶業界の努力により、令和2（2020）年には5,274tと増加傾向にあります。

🍃 手軽に飲めるお茶の台頭

昭和50年代後半（1980年代）以降、お茶を簡便に飲める商品が登場し、現在では茶系飲料が飲料市場を席巻しています。昭和57（1982）年、缶入りのお茶が初めて発売され、平成2（1990）年には缶入り烏龍茶の生産量が清涼飲料の中でトップとなりました。

同年には、ペットボトル入りのお茶が発売され、以降、平成8（1996）年のペットボトルの小型化に伴って、緑茶飲料は烏龍茶飲料を抜き、茶系飲料の主流となっています。令和元（2019）年の生産量はおよそ300万kLと、すべての茶系飲料の44%を占めています。これは、赤ちゃんから老人まで含めて、500mLペットボトルを年間国民1人当たり48本飲んだ計算になります。

近年、日本では緑茶4,000t、紅茶15,000t前後、烏龍茶およそ9,000t、茶類合計で約28,000tが毎年輸入されています。これは日本における茶の総生産量の実におよそ35%に当たります。このような輸入茶は、主に茶系飲料の原料となっていると考えられます。

茶系飲料がこれほどまでに伸びている背景には、日本人のライフスタイルの変化があります。お茶を飲むためには湯を沸かしたり茶器を用意したり、茶殻を始末したりしなければいけません。その時間と手間を省けるという簡便性が、茶系飲料が受け入れられている一番の理由でしょう。手軽に飲めるという点では、ティーバッグやインスタント茶といった商品も発売されています。

また、茶系飲料は無加糖飲料の代表であると共に、カテキンなどの茶に含まれる成分の健康効果も期待されています。平成5（1993）年以降、健康機能を付加した商品が多数発売され、人気を呼んでいます。今後はこうしたお茶の健康機能が今以上に注目されると共に、食品はもとより衣類や住居に茶を利用するなど、飲用以外の新たな利用法も増えています。（207頁参照）

健康志向という世界の大きな流れは、緑茶にとって最大の追い風になっています。しかし、単に身体に良いというだけでお茶を飲むとしたら、こんな味気ないことはありません。家族や友人とお茶を囲んでの楽しい会話、あるいはお茶でのおもてなしなど、文化としてのお茶の本質を深く理解し、実践することで、より心豊かな時間を過ごすことができるのではないでしょうか。

第9章
お茶の話あれこれ

歴史を物語る地方のお茶

全国各地に残る番茶には、日本のお茶の古い姿が残っています。細々ながら各地に継承され、近年は地域おこしのアイテムとしても評価される日本各地の伝統的なお茶の姿を紹介します。

❧ 日本各地に残る伝統的なお茶

　西日本では、チャは屋敷まわりや畑の境界などに種子を播くと、手を掛けなくても自然に生長してくれたため、それぞれの家では昔ながらの製法で自家用のお茶を作ってきました。これらを総称して番茶と呼び、その作り方やその飲み方には日常のお茶の古い姿が残っていました。

　しかし、茶の商品化が進んで現在の煎茶製法が広く普及すると、伝統的な番茶は急速にその姿を消していくことになり、「各地に残る珍しいお茶」と呼ばれるような存在になってしまいました。

　ところが、近年、結果的に希少性を持つことになった地方の番茶に対して、地域おこしにつながる重要なアイテムとして評価され始めています。さらに、東アジア各地のお茶と比較する上での学術的な価値も認められてきました。

土佐の碁石茶

　高知県の山間部、大豊町の番茶は、製品の形から碁石茶と呼ばれます。まず、生葉を蒸してから平らに積み上げ10日間ほどおいてカビを付けます。それから大きな桶に詰め込み、蓋をした上に石をたくさん積み上げて空気を遮断して発酵させます。漬物作りとまったく同じです。数週間たってから、大きな包丁で切り出した固まりを3、4cm四方ほどに裁断し、天日干しをします。昔は丸い形に仕上げ、その姿が碁石に似ていたことから碁石茶と呼ばれています。

　製品は地元ではほとんど消費されず、瀬戸内方面に出荷されて茶粥作りに使われてきました。近年、植物性乳酸菌などの健康に役立つ成分が多く含まれているとして人気が高まっています。

阿波番茶

徳島県の那賀町（旧 相生町）や上勝町を中心に作られていて、特に「晩」という文字をあてて阿波晩茶とも呼ばれます。夏の太陽の下で茶の葉を枝から1枚残らず扱き取り、さっと茹でてから、茶摺り機で揉みます。この茶摺り機は地元特産の藍の葉を揉む道具とそっくりです。揉んでから、大きな桶に漬けこみ、重石を載せて発酵させ、葉の形のまま炎天下で天日干しをします。製品は熱湯で煮出して飲みます。

碁石茶とよく似ていますが、カビ付けはしません。どちらも独特な発酵臭があり、茶葉を漬けこむという点で、タイのミアンやミャンマーのラペソーなど、発酵させて食べるお茶との共通点が注目されます。

足助の寒茶

愛知県豊田市の足助で作られています。山茶を枝ごと切ってきて大きな甑で蒸し、ふるい落とした葉を筵の上に広げて乾燥させ、そのまま保存します。周囲に雪が積もっているような寒中に作ることから寒茶と呼び、ヤカンで煮出して飲みます。

これは新茶が喜ばれる一般の風潮とは違い、身近な茶の葉から、季節を問わずにいつでも作ることができます。似た製法のお茶は四国の徳島県海陽町にもありますが、こちらは干す前に揉んでいます。

美作番茶

岡山県美作市の海田で作られています。新芽を摘まず、梅雨明けを待って硬くなった葉を茶鋏で刈り取り、大釜に入れて茹で蒸しにし、これを庭一杯に広げたシートの上に散らして乾燥させます。乾燥中、釜に残った茹で汁を二、三回散布して艶を出します。カリカリに乾けば出来上がりという簡単な製法です。これを煮出すとちょうど紅茶に似た赤茶色になります。

江戸時代の終わり頃から当地にも宇治の煎茶製法が導入されましたが、地元の根強い番茶人気を背景に需要にこたえる形で現在も作られています。

陰干し番茶

福井県勝山市河合地域で作られています。秋の彼岸すぎに50cmほどの長さで枝を刈り取り、藁で束ねてそのまま軒先に吊るして年を越します。茶の葉がカリカリに乾いたものを枝から振るい落として保管し、飲むときに少し炒ってから煮出して飲みます。

これは茶葉を保存しておくための最も原初的な方法で、まったく同じ作り方が島根県から鳥取県にかけて点々と残り、地元で愛好され続けています。特に地域ごとの呼び名はありませんが、ひっくるめて陰干し番茶と呼ぶのがふさわしいでしょう。

焼き茶

山仕事の休憩時、身近に生えている茶の枝を、葉をつけたまま折り取って焚き火で焙り、ヤカンに放り込んで煮出して飲むお茶です。これを焼き茶といい、うす赤い色で青臭さや苦さはありますが、十分飲むことができます。飲む前に山の神様に上げるといって少量を地面に注ぐこともあります。土地によっては、茶葉を串にさして囲炉裏の火で焦がして煮出すこともありました。

カッポ茶

宮崎県高千穂地方などで、山仕事や畑仕事の合間に飲まれる即席のお茶。60cmくらいに切った青竹の節を抜いて竹筒にし、沢の水を汲み、焚き火の脇に置いて湯を沸かします。山に自生しているチャを枝ごと取ってきて火で焙り、その葉を竹筒に入れて煮出します。青竹を切ったものを茶碗にして煮汁を入れて飲む、野趣あふれるお茶です。カッポ茶の名前は、竹筒からお茶を注ぐときに「カッポカッポ」と音がすることからつけられました。これを日本酒で楽しむ「カッポ酒」も有名です。

はんず茶

鹿児島県松元町などで作られてきたお茶です。自家用の釜炒り製のお茶ですが、鉄釜の代わりに「はんず」と呼ばれる水がめで生葉を炒るのが特徴です。土でかまどを作り、その上にはんずの口が手前に来るように横に寝かせて置きます。かまどに火を焚き、はんずに生葉を入れて小枝などを使ってかき混ぜます。時々ざるに上げ、揉みとよりを繰り返して仕上げます。

地方ならではの振り茶

泡立てたお茶にいろいろな具を入れたお茶を「振り茶」といいます。
飢饉の時や仕事の合間に供されてきた「茶漬け」の一種といえます。

🍵 泡立てて飲む庶民のお茶

ボテボテ茶（島根県）、バタバタ茶（富山県）、ぼて茶（愛媛県）など、一風変わった名前のお茶が全国にあります。どれも茶碗あるいは桶に煮出した茶を入れて、手製の茶筅で泡立てて飲む庶民のお茶のことで、沖縄県のブクブク茶も巨大な木製のお椀とジャスミン茶を使いますが、同じ仲間です。

これらは茶筅で泡立てる様子がその地方での呼び名になったものですが、この動作を「振る」ということから、まとめて「振り茶」と呼び、抹茶とは区別しています。多くが地元で作られた番茶を使うことが特徴で、江戸時代には日本各地で日常的に行われていました。

おそらく、鎌倉時代以降、茶を泡立てて飲むことが大流行し、庶民社会でも抹茶ではなく、番茶を使う形で普及したものと考えられます。江戸の町でも振り茶用の茶筅を売っていたほどですが、やがて煎茶を急須で淹れるという新しい流行が始まると、振り茶は年寄りだけが飲む時代遅れの習慣だとされ、急速に衰えていきました。現在では地方の珍しい習俗として細々と行われています。お茶の世界にも、流行の波が何度か押し寄せているということを強く意識させられる好例です。

沖縄のブクブク茶

（日本食糧新聞社提供）

ボテボテ茶

　島根県松江市や安来市を中心に山陰地域で飲まれてきたお茶です。10月頃に枝ごと刈り取った茶の葉を1カ月間ほど陰干しして作る「日陰番茶」と、乾燥させたチャの花を使います。番茶と花を煮出し、煮汁を茶碗に注ぎ、穂先の長い専用の茶筅に塩を付け、左右に振って泡立てます。白い泡が立ったところに、細かく切ったいろいろな具を取り合わせて入れます。

　具材としては白飯と、たくあんなど漬物類、甘く煮たしいたけ、黒豆、高野豆腐などが使われますが、地域や家庭によって具材の取り合わせが異なります。両手で茶碗を振り動かしながら飲みます。

バタバタ茶

　富山県朝日町蛭谷で、法要や祝い事などに供されるお茶です。かつては富山県東部海岸地域や新潟県糸魚川地域でも見られました。黒茶の煮汁を大きな茶碗に注ぎ、すす竹で作った茶筅を2本合わせた「夫婦茶筅」をバタバタと左右に振り、泡立てて飲みます。バタバタ茶と呼ばれるようになったのは、茶筅を振るときの音からという説と、茶筅を振る様子がバタバタと慌ただしいからという説があります。

ブクブク茶

　沖縄県那覇を中心に見られるお茶です。琉球王府の役人の夫人たちが考案したもので、明治時代に入って琉球王府が崩壊してから庶民に普及したといわれています。

　まず炒った米を10倍くらいの水で煮て、「煎り米湯」を作ります。この煎り米湯と、「さんぴん茶」＊と番茶で作った「茶湯」を、1.5：2の割合で木の大鉢に入れ、大ぶりの茶筅で泡立て、クリーミーな泡に仕上げます。茶碗に「茶湯」「煎り米湯」「茶湯と煎り米湯」のいずれかを少量注ぎ、赤飯を少量入れ、その上に泡をこんもりと盛り上げて、さらに落花生の粉を振りかけます。ミネラル豊富な硬水を使うと泡立ちやすくなります。

＊　「さんぴん茶」
　　ジャスミン茶の一種。八重山地方を中心に沖縄県で愛飲されているお茶で、「しーみー茶」とも呼ばれる。

お茶をめぐる民俗

日本にはお茶に基づいたさまざまな習わしや言葉、習俗があります。
今に残されているさまざまなお茶にまつわる民俗を見てみましょう。

🌱 茶入れ（結納）に使う結納茶

　九州では結納のことを「茶入れ」ということがあり、嫁を貰う方から相手方
にお茶を贈ることで婚約が成立することから、九州ではお茶屋さんで結納セッ
トを売っています。そのセットには豪華な水引細工の真ん中に茶筒や茶壺が置
かれていますが、その中に入れるお茶は安いお茶でなければいけないといわれ
ています。これは「いいお茶はよく出るから（家を出てしまう）」という縁起
かつぎによるものです。これとまったく同じ風習が遠く離れた新潟県の十日町
市にもあり、当地でも上等の茶は使わないそうです。

　また、お茶の樹はしっかり土地に根を生やして植え替えができないことから、
嫁ぎ先に根を下ろすようにという願いを込めているという説明もあります。

🌱 人の死にまつわる茶

　お茶は葬儀のときの会葬御礼としてよく使われます。これは古くから寺院の
儀礼にお茶が使われてきたこと、また霊前に供養としてお茶を供えることとも
関係しているのではないでしょうか。宮城県の仙台あたりでは、弔問客はお通
夜に「茶」と書いた四角い箱をお供えし、翌日の葬儀会場にはこれが山型に積
み上げられます。これは茶積台と呼ばれ、上に羽をひろげた鳩が載せられます。

　同じく東北地方の初盆を迎える家では、七夕の日に庭先に竿を立てて供養の
文句を書いた旗を吊るし、その下にお茶を供えます。これを茶柱といいます。
先の戦争に際しては、あちこちにこの茶柱が立って、村じゅうで悲しみを分か
ち合ったといわれています。

🌱 新茶の季節のお茶摘みさん

　新茶の季節になると、静岡県や三重県、福岡県などの茶産地に大勢の娘さんたち（お茶摘みさん）が風呂敷包を背負ってやってきました。新茶は早いほど値がいいため、茶農家では一斉に摘んでしまいたいと、こうしたお茶摘みさんの労力に頼りました。

　一方で平野部の米作り農家や志摩の海女さんたちも、ちょうど仕事の合間にあたることから、その娘さんたちはこぞって茶所に集団出稼ぎに行きました。

　そうした若い娘さんたちと茶所の若者たちが出会って恋が実り、晴れて夫婦になったという例も多く見られました。静岡ではこうした出会いを「茶縁」といいました。

　茶摘歌に「お茶を摘むなら根葉からお摘み　根葉にゃ百貫目の芽がござる」とあるように、お茶摘みさんには「下の葉から丁寧に摘んでください」とよく言ったものです。

🌱 畑の境界と土留めに使われたチャ

　畑の境に茶の樹が一列に並んでいる光景をよく見かけます。種から生えた実生のチャは土中深くまでしっかりと根を張るため、簡単には抜けません。そこで、境界を示すのに向くだけでなく、飲み茶も作ることができることから、江戸時代には境界にチャを植えることが推奨されました。

　また、山村の急斜面の畑には土留めとしてチャを植えました。山村で石垣の隙間に茶の樹が植わっているのを見かけますが、これはネズミが巣に運んできた茶の実が自然に育ったものです。これを「ねずみ茶」といいます。

　通常チャの実は秋に集めて翌年に播きますが、乾燥をさけるために地面に穴を掘って埋めておきます。これがネズミに狙われないように、よく穴の上部に杉の葉を載せることがあったと伝えられています。

庶民の朝食「茶粥」

　茶粥は近畿地方を中心に西日本各地で広く愛好されています。とりわけ奈良県では、古くから「おかいさんを炊く」といわれ、毎朝食には茶粥が欠かせませんでした。

　江戸時代に入って多くの人たちが江戸に集まると共に、こうした西日本の食文化も江戸に進出しました。中でもいろいろな具を混ぜて炊いた茶粥は「奈良茶」と呼ばれ、専門の店もできるほど大流行しました。

　現在も瀬戸内地方では、芋を加えたものは「芋茶粥」、豆を加えたものは「豆茶粥」と呼ばれ、地域によってさまざまなバリエーションが見られます。

　茶粥の作り方は簡単です。木綿の袋に番茶を入れて口をくくり、お湯に入れて煮立たせます。それに米を入れて炊きます。味は塩を少々加えて整えます。これに漬物を添え、熱いのをフーフー吹きながらいただきます。なお、炊く前の米は地域によって洗う場合と洗わずにそのまま使う場合があります。

　奈良県では、「毎朝首をくくられて風呂に入るもの、なあに」というなぞなぞがあります。答えは、茶粥に使われる茶袋です。このようになぞなぞになるくらいまで、朝食に茶粥をいただくという習慣が広く普及していたことがよくわかります。

茶粥

お茶にまつわる言葉や歌

「茶」が多くの諺や慣用句に使われているのは、私たちに身近な存在だからです。そんなお茶にまつわる言葉や歌を集めてみました。

お茶にまつわる諺や慣用句

お茶の子さいさい

お手軽で簡単なこと。「お茶の子」とはお茶に添えて出される軽いお菓子のことで、お腹にたまらないことから、簡単に片付けられる物事のことを指す。「さいさい」は、はやし言葉。

お茶を濁す

適当にその場を取りつくろって誤魔化すこと。茶道に詳しくない人が濁ったお茶を淹れて抹茶に見せかけたことから、いい加減な言動のことをいう。

お茶を挽く

抹茶を石臼で挽くのは時間（暇）がある人のやる仕事であったことから、暇なことの例えとして使われる。

鬼も十八、番茶も出花

番茶も淹れたては良い香りがするように、どんな娘でも年頃になれば魅力が出てくるという意味で使われる。

粗茶

あまり上等でないお茶。来客にお茶を出す時は、上等なお茶でも「粗茶でございますが」と言うのが決まり文句とされる。日本人ならではの「謙遜の美徳」が表された言葉といえる。

茶柱が立つ

「茶柱」とは茶碗の中でお茶の茎や葉軸が垂直に立っていることをいう。非常に珍しい現象であることから、茶柱が立つと縁起が良いとされ、人に話さずにそっと懐に仕舞うといいことがあるといわれる。

ただし、現代の精密に選別されたお茶と、注ぎ口に網の張られた急須では、茎が茶碗に出る可能性はほとんどないため、茶柱も過去のものとなっている。

茶腹も一時
ちゃばら

お茶を飲むだけでも一時的に空腹をしのげることから、わずかなものでも一時しのぎになることをいう。

日常茶飯事

読んで字のごとく、毎日の食事のこと。転じて、ごくありふれたことの例えとして使われる。

へそで茶を沸かす

笑わずにいられないほどおかしいこと、ばかばかしいことを指す。

宵越しの茶は飲むな

宵越しとはひと晩たつこと。茶は淹れたてでおいしいうちに飲めという意味。また、茶殻は腐敗しやすいので、ひと晩たったものは淹れてはいけないという教えでもある。

喫茶去
きっさこ

本来は禅語で「目を覚まして出直して来い」という叱咤の言葉で「お茶でもどうぞ」という意味にも解釈されており、もてなしの心を表すためによく寺や茶室に掲げられている。類似語に「且座喫茶」があり、こちらは「しばらく座ってお茶でも飲んで行きなさい」という意味。

茶禅一味
ちゃぜんいちみ

茶道の心と禅の極意とは一つであるという意味の言葉。「一期一会」「和敬清寂」と共に茶の湯の精神を表す言葉として知られている。

🍃 お茶にまつわる歌

唱歌「茶摘」

「夏も近づく八十八夜…」の唱歌は今でも小学校の音楽教科書に載る誰もが知っている懐かしい歌です。この歌は、京都の宇治や奈良の茶摘み歌を基にメロディーを付け、明治45（1912）年に文部省唱歌として発表されたものです。

1　夏も近づく八十八夜
　　野にも山にも若葉が茂る
　　あれに見えるは茶摘みじゃないか
　　あかねだすきに菅の笠
2　日和続きの今日この頃を
　　心のどこかに摘みつつ歌う
　　摘めよ摘め摘め摘まねばならぬ
　　摘まにゃ日本の茶にならぬ

ちゃっきり節

静岡の私鉄である「静岡鉄道」が、静岡と清水を走る路線の中間に狐ヶ崎遊園地を造り、そのPRソングとして北原白秋作詞、町田嘉章作曲により作られたもの。昭和3（1928）年に東京放送局（現・NHKラジオ）で流され、今でも静岡の新民謡として広く歌われています。

「ちゃっきり　ちゃっきり　ちゃっきりよ」の合いの手は、当時普及していた茶刈り用の「手挟」の「チョキチョキ」という音を表したものです。その他、「きゃァるが啼くんて雨ずらよ」は、静岡弁で「カエルが啼くから雨だろうね」という意味です。この歌は何と30番まであるそうですが、最後まで聞いたことがある人はまずいないのではないでしょうか。

1　唄はちゃっきりぶし、
　　男は次郎長、
　　花はたちばな、
　　夏はたちばな、
　　茶のかをり。
　　ちゃっきり　ちゃっきり
　　ちゃっきりよ、
　　きゃァるが啼くんて雨づらよ。

最も古いお茶の本とは？

世界や日本で初めて茶書が書かれた頃、まだ日本にお茶を飲む習慣は定着していませんでした。お茶の歴史に大きな足跡を残した2冊の茶書を見てみましょう。

🌱 世界最古の茶書『茶経』

　世界初のお茶の専門書『茶経』は、唐の文人・陸羽（733 ？～ 804）によって著されました。760年頃の成立と推定されています。

　「茶は南方の嘉木也」という一文で始まる『茶経』は、上中下3巻からなり、茶の起源、製茶の道具、茶の製造方法、茶器、茶の煮立て方、茶の飲み方、茶の歴史、茶の産地、省略してよい道具、茶の図の10項目で構成されています。茶の百科事典といえるほど幅広い内容を持つ本書は、その後の茶文化に多大な影響を与えました。

　ここに書かれている茶は「餅茶」という固形茶ですが、宋（960 ～ 1279）の時代に廃れていったようです。

　『茶経』が書かれた背景には、唐代における喫茶文化の隆盛があります。当時、日本は遣唐使を派遣して、唐の豊かな文明や先進的な政治制度を取り入れようとしていました。この遣唐使たちによって日本に喫茶の習慣が伝えられたと考えられています。

　こうした日本のお茶文化の黎明期に、『茶経』のような偉大な茶書が隣国に存在していたことは、日本にとって大きな意味のあることでした。

陸羽

（日本中国茶協会提供）

日本最古の茶書『喫茶養生記』

　日本初の茶書は栄西が著した『喫茶養生記』です。その成立は承元5（1211）年1月1日、栄西が71歳の時でした。

　『喫茶養生記』は、上下2巻からなります。その書き出しが、「茶は末代の養生の仙薬にして、人倫延齢の妙術也」と記されているように、茶書というよりは医学書として書かれたものだと考えられています。内容の中心はお茶の効能ですが、お茶のみならず桑の薬効についても述べられており、中国の『茶経』にならって『茶桑経』と呼ばれることもありました。

　鎌倉幕府の公式記録である『吾妻鏡』によると、建保2（1214）年、将軍源実朝が二日酔いで苦しんでいる時に栄西がお茶を献呈したところ、すっかり元気になったと記されています。その後、栄西は実朝に『喫茶養生記』を進呈しました。

　この逸話にも見るように、『喫茶養生記』でお茶の実用性が説かれたことで、日本に喫茶の習慣が浸透するきっかけになりました。日本のお茶の歴史に大きく貢献した1冊といえるでしょう。

『喫茶養生記』（復刻版）

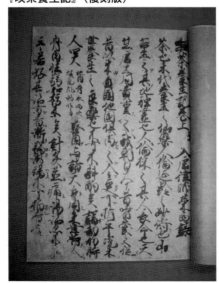

お茶の新しい世界

お茶の摂り方は淹れて飲むだけにとどまりません。お茶の優れた機能性をさらに活用するために、その用途はどんどん広がっています。

🌱 特殊な加工を施すお茶

　栽培方法や製造方法が異なるお茶はいろいろありますが、機能性の高いお茶を用途に合わせてさらに改良したお茶が登場しています。

　その一つに、昭和61（1986）年に農林水産省茶業試験場で開発されたギャバロン茶があります。これは生葉を密閉容器に入れ、窒素ガスで空気を置換し、5時間ほど酸素のない状態にして、お茶に含まれるグルタミン酸を「GABA（γ-アミノ酪酸）」という有用成分に変化させます。その生葉を緑茶や紅茶、烏龍茶に加工したのがギャバロン茶です。GABAには血圧上昇を抑える作用があります。

　もうひとつ、「低カフェイン茶」と呼ばれるお茶があります。煎茶に含まれるカフェインはお茶の重要な苦味成分ですが、中枢神経興奮作用や利尿作用を持っています。この作用が乳幼児や授乳中の母親、高齢者、病人にとっては刺激が強すぎるため、カフェイン量が少ないお茶として低カフェイン茶が開発されました。

　カフェインは熱湯に溶けやすい性質を持っているため、低カフェイン茶は生葉を熱湯に浸け、カフェイン量を1/2 ～ 1/3に減らします。一番茶の場合には、生葉を熱湯に浸ける時間は40秒前後です。低カフェイン茶は刺激が少なくてさっぱりしたお茶になります。これらのお茶は現代科学の賜物であり、新しい時代を象徴するお茶といえるでしょう。

❦ お茶の新しい用途

お茶のすぐれた機能が明らかになるにつれ、健康飲料としての人気がどんどん上がっています。近年、お茶は飲むだけでなく、さまざまな用途に利用できる素材として注目を浴びています。

お茶の新しい用途のひとつは食用です。お茶の佃煮や茶そば、抹茶を使ったお菓子などは以前からありましたが、最近はその機能性成分が着目され、より幅広い食品に使用されるようになっています。特にガムやアメにお茶の抽出物が添加され、それによりお茶の消臭作用や虫歯予防作用が広く知られるところとなりました。

意外なところでは、赤身魚の鮮度を保つ添加物としての利用があります。お茶の抽出物に浸けた魚は干物にしても脂肪分の酸化が防止されるため、変色せずに鮮やかでおいしそうな色が長続きします。

食用以外では、シャツや靴下などの衣料品、またシーツやマスクなどの医療用品などに利用されています。お茶で染めた糸や布で衣料品などを作ると、消臭・抗菌効果を持たせることができます。こうしたお茶の消臭・抗菌作用は、消臭剤や歯みがき粉、シャンプー、化粧品、トイレットペーパーなど、さまざまな日用品に利用され、商品化されています。

また、乾燥した茶殻がシックハウス症候群の原因のひとつとされる有害物質のホルムアルデヒドを吸着する効果があることがわかり、壁紙や畳などにも利用されるようになっています。お茶の葉だけでなく、茶の実などの利用も考えると、その可能性はさらに広がっていきそうです。今後もお茶利用の新たな展開からは目が離せません。

お茶染めTシャツ　　　**お茶染めストール**

（鷲巣恭一郎氏提供）

お茶の多様な使い道

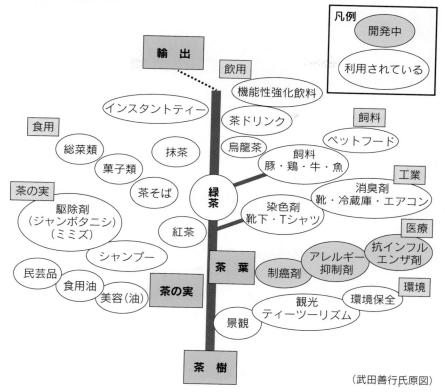

（武田善行氏原図）

珍しいお茶グッズ…茶香炉

　お茶がいろいろな臭いを吸着するように、お茶の煙にも同じ効果があることをご存知の方はどれだけいらっしゃるでしょうか。

　この煙の効果を利用して部屋の嫌な臭いを消し、爽やかな香りで満たすことができるお手軽なグッズがあります。それが「茶香炉」です。ろうそくの炎や電熱で上皿に置いたお茶の葉を熱することで、いい香りが漂います。

茶香炉

全国のお茶関連施設

日本各地でいろいろなお茶が作られています。こうしたお茶産地を中心に、お茶をより深く知ってもらうための施設があります。お茶についてさらに詳しく知りたい場合は、ぜひ最寄りのお茶関連施設に足をお運びください。

ふじのくに茶の都ミュージアム

「ふじのくに茶の都ミュージアム」は、日本一の大茶園である牧之原台地に「茶の都しずおか」の拠点として静岡県が平成30（2018）年3月に開館しました。

お茶の産業・歴史・文化を紹介する展示の他、小堀遠州ゆかりの茶室や綺麗さびの世界をコンセプトにした庭園があり、茶摘み・手揉み体験なども充実し、子どもから大人まで楽しくお茶について学ぶことができます。

さらに、国内外の茶業関係者やお茶愛好者を対象に研修会等を開催し、情報発信を行っています。

また、カフェレストランやミュージアムショップも併設され、展望テラスから茶畑の絶景を楽しむことができます。

世界のお茶が体感できる展示

小堀遠州ゆかりの庭園

入間市博物館（略称：ALIT）

狭山茶の主産地である埼玉県入間市の「入間市博物館」は、お茶をテーマとすることで、設立の基本構想である「市民の心のよりどころ・生涯学習の場・総合文化活動の場となる博物館」を実現した博物館です。略称の「ALIT」は、「Art-Archives」、「Library」、「Information」、「Tea」の頭文字からとったもので、博物館の活動テーマを表しています。常設展示「茶の世界」をはじめ、多彩な展示や催しが開催されています。

地元の学校見学もさかん

全国の茶に関する施設

県	名　称	所在地	アクセス	TEL
茨城県	奥久慈茶の里公園	久慈郡大子町大字佐貫1920	JR水郡線常陸大子駅下車→バス（20分）奥久慈茶の里公園	0295-78-0511
埼玉県	入間市博物館（ALIT）	入間市二本木100	西部池袋線入間市駅下車→西武バス入間市博物館行（終点）	04-2934-7711
静岡県	玉露の里茶の華亭瓢月亭	藤枝市岡部町新舟1214-3	JR東海道線焼津駅下車→車25分	054-668-0019
	フォーレなかかわね茶茗館	榛原郡川根本町水川71-1	大井川鉄道駿河徳山駅下車→徒歩10分	0547-56-2100
	グリンピア牧之原	牧之原市西萩間1151	東名相良牧之原IC→車10分	0548-27-2995
	茶処こだわりっぱ	掛川市城下6-12	JR東海道本線掛川駅下車→徒歩5分	0537-24-8700
	ふじのくに茶の都ミュージアム	島田市金谷富士見町3053-2	JR東海道線金谷駅下車→車5分	0547-46-5588
	KADODE OOIGAWA	島田市竹下62	大井川鉄道門出駅下車直結または新東名島田金谷IC→車1分	0547-39-4073
京都府	福寿園CHA遊学パーク	木津川市相楽台3-1-1	近鉄京都線山田川駅下車→徒歩7分または高の原駅下車徒歩15分	0774-73-1200
	お茶と宇治のまち交流館 茶づな	宇治市菟道丸山203-1	京阪宇治線宇治駅下車→徒歩4分	0774-24-2700
福岡県	茶の文化館	八女市星野村10816-5	JR鹿児島本線羽犬塚駅下車→堀川バス池の山下車→徒歩15分	0943-52-3003
佐賀県	うれしの茶交流館「チャオシル」	嬉野市嬉野町大字岩屋川内乙2707-1	JR武雄温泉駅下車→JRバス30分（大野原口）長崎自動車道嬉野ICから車10分	0954-43-1991

索 引

214

参考文献

曽根俊一：『新手揉製茶法解説』静岡県茶手揉保存会（1977）

静岡県茶業会議所：『新茶業全書（全面改訂版）』（1988）

岩浅潔他：『茶の栽培と利用加工』養賢堂（1994）

宮川金二郎他：『日本の後発酵茶』さんえい出版（1994）

荒木安正：『新訂　紅茶の世界』柴田書店（2001）

中川致之他：日本食品工業学会誌 17 巻（1970）

後藤哲久他：茶業研究報告 No.80（1994）

河野友美他：『食の科学』No.281（1976）

文部科学省科学技術・学術審議会資源調査分科会：『五訂増補日本食品標準成分表』（2005）

堀江秀樹他：日本味と匂学会誌 7 巻（2000）

林宣之他：『Biosci.Biotech.Biochem.』Vol.69（2005）

島田和子他：家政学会誌 54 巻（2003）

山西貞：『お茶の科学』裳華房（1992）

山西貞他：『Foods Food Ingredient J』No.23（1996）

袴田勝弘他『お茶の力』化学工業日報社（2003）

堀江秀樹他：『茶業研究報告』No.91（2001）

茶のいれ方研究会：『茶業研究報告』No.40（1973）

小沢良和他：『茶道学大系 8　茶の湯の科学』（2000）

堀内國彦：『茶の湯の科学入門』（2002）

阿南豊正他：農芸化学会誌 48 巻（1974）

静岡県茶業会議所：『新茶業全書』（1983）

日本茶業技術協会：『茶の科学用語辞典』（2007）

農文協：『茶大百科』全 2 巻（2008）

増澤武雄：『茶の絵本』農文協（2007）

静岡県茶業会議所：『茶生産の最新技術』（2006）

木村政美：『茶園管理 12 ヶ月』農文協（2006）

淵之上弘子：『日本の茶樹と気象』関東図書（1993）

静岡県茶業会議所：『茶の品種』（2003）

筑波書房：『茶のサイエンス』（2004）

安次富順子：『ブクブクー茶　豊かな泡を飲む』ニライ社（1992）

日本茶業中央会：『茶関係資料』（2021）

淡交社：『原色茶道大辞典』（1975）

角川書店：『角川茶道大事典』（2002）

農文協：『日本農書全集』（1980）

静岡県茶業組合聯合会議所：『静岡県茶業史』（1926）

静岡県茶業組合聯合会議所：『静岡県茶業史』（続篇）（1937）

茶業組合中央会議所：『日本茶業史』（1914）

茶業組合中央会議所：『日本茶業史』（続篇）（1936）

茶業組合中央会議所：『日本茶貿易概観』（1935）

日本茶輸出百年史編纂委員会：『日本茶輸出百年史』（1959）

入間市博物館：『お茶と日本人　その歴史と現在』（1996）

神奈川県立金沢文庫：『鎌倉時代の茶』（1998）

入間市博物館：『北限への旅路　茶の自然と歴史を訪ねて』（1999）

入間市博物館：『こだわりの湯のみ茶碗　くつろぎの一杯をたたえて』（2002）

入間市博物館：『煎茶伝来　売茶翁と文人茶の時代』（2001）

横田幸哉：『山本山の歴史』山本山（1976）

吉村亨・若原英弍：『日本の茶　歴史と文化』茶道文化選書　淡交社（1984）

梅棹忠夫　監修・守屋毅　編集：『茶の文化　その総合的研究』第一部、第二部　淡交社（1981）

中村羊一郎：『茶の民俗学』名著出版（1992）

角山栄：『お茶の世界史』中公新書　中央公論社（1980）

森薗市二：『高林謙三の生涯とその周辺』静岡県茶業会議所（1985）

寺本益英：『戦前期日本茶業史研究』有斐閣（1999）

漆間元三：『民俗資料選集 12　振茶の民俗』国土地理協会（1982）

静岡県経済産業部：『茶生産指導指針』（2016）

執筆者

・お茶のプロフィール
杉本　充俊：NPO 法人日本茶インストラクター協会 顧問

・お茶の成分
阿南　豊正：日本茶業学会　事務局長

・お茶のおいしい淹れ方
中村　順行：静岡県立大学食品栄養環境科学研究院附置茶学
　　　　　　総合研究センター長

・お茶ができるまで
角川　修：元 農研機構　果樹茶業研究部門　茶業研究監

・チャの育て方
森田　明雄：静岡大学　理事・副学長

・お茶の生産・流通・消費
袴田　勝弘：元 独立行政法人農業技術研究機構
　　　　　　野菜茶業研究所 茶業研究官

・お茶の健康効果
山田　浩：静岡県立大学薬学部　特任教授

・お茶の歴史と文化／お茶の話あれこれ
中村羊一郎：静岡産業大学総合研究所　客員研究員

・お茶の審査
岸本　浩志：元 静岡県茶業試験場　場長

企画・編集

杉本　充俊：NPO 法人日本茶インストラクター協会 顧問
柴田　勝：柴田技術士事務所 技術士

日本茶検定について

■**実施期間**：2月、6月、10月の年3回予定（各月とも約3週間）

■**受付期間**：検定実施月の約1ヵ月前から受付

■**主　　催**：NPO法人日本茶インストラクター協会

■**申込方法**：WEB（https://www.nihoncha-inst.com/）の専用フォームから申込

■**受 検 料**：3,000円＋税

■**受検資格および場所**：インターネットによる検定のため、パソコン操作のわかる方ならばどなたでも、どこでも受検できます。

■**出題形式**：問題はすべてインターネットで出題／出題は○×式または二択・三択式／2時限制・100問出題（1時限50分で各50問出題）

■**出題分野**：本書に取り上げられたお茶に関する様々な分野から出題されます。

■**合格点および合格証**：60点以上が合格です。合格者には、得点に応じて以下の等級と合格証が贈られます。
1級　90点以上／2級　75〜89点／3級　60〜74点

■**問合せ先**：NPO法人日本茶インストラクター協会　日本茶検定係
〒105-0021　東京都港区東新橋2-8-5　東京茶業会館5階
TEL（03）5402-6079　FAX（03）3459-9518

改訂版 日本茶のすべてがわかる本
日本茶検定公式テキスト

2023年5月25日第1刷発行
2024年7月25日第2刷発行

日本茶検定委員会 監修
NPO法人日本茶インストラクター協会 企画・編集

発　行　NPO法人日本茶インストラクター協会
〒105-0021 東京都港区東新橋2-8-5 東京茶業会館5F
電話 03（5402）6079　　FAX 03（3459）9518
URL https://www.nihoncha-inst.com

発　売　一般社団法人 農山漁村文化協会
〒335-0022 埼玉県戸田市上戸田2-2-2
電話 048（233）9351（営業）　FAX 048（299）2812
振替 00120-3-144478
URL https://www.ruralnet.or.jp/

ISBN978-4-540-23116-2　　印刷・製本/株式会社 共立アイコム
〈検印廃止〉　　　　　　　定価はカバーに表示